Stolz · Otto Hahn/Lise Meitner

1 Otto Hahn
(8. 3. 1879–28. 7. 1968)

2 Lise Meitner
(7. 11. 1878–27. 10. 1968)

Biographien
hervorragender Naturwissenschaftler,
Techniker und Mediziner Band 64

Otto Hahn/Lise Meitner

Prof. Dr. rer. nat. habil. Werner Stolz

Bergakademie Freiberg

2., durchgesehene Auflage

Mit 20 Abbildungen

LEIPZIG

BSB B. G. Teubner Verlagsgesellschaft · 1989

Herausgegeben von
D. Goetz (Potsdam), I. Jahn (Berlin), H. Remane (Halle),
E. Wächtler (Freiberg), H. Wußing (Leipzig)
Verantwortlicher Herausgeber: H. Wußing

Bildnachweis
ADN Zentralbild, Berlin (Abb. 1, 9, 12, 15, 17, 19, 20)
Archiv der Akademie der Wissenschaften der DDR, Berlin (Abb. 13)
Archiv der Humboldt-Universität, Berlin (Abb. 3)
Bergakademie Freiberg, Hochschulbildstelle (Abb. 6)
Deutsche Fotothek, Dresden (Abb. 2, 16)
Deutsches Museum, München (Abb. 14)
Irmgard Straßmann, Mainz (Abb. 7, 18)

Stolz, Werner:
Otto Hahn / Lise Meitner. – 2. Aufl. –
Leipzig: BSB B. G. Teubner Verlagsgesellschaft, 1989. –
97 S.: 20 Abb. –
(Biographien hervorragender Naturwissenschaftler,
Techniker und Mediziner, Bd. 64)

ISBN-13:978-3-322-00685-1 e-ISBN-13:978-3-322-82223-9
DOI: 10.1007/978-3-322-82223-9

Biogr. hervorrag. Nat.wiss. Tech. Med., Bd. 64
ISSN 0232-2516

2. Auflage
VLN 294-375/84/89 · LSV 1108
Lektor: Hella Müller

Gesamtherstellung: IV/2/14 VEB Druckerei „Gottfried Wilhelm Leibniz",
4450 Gräfenhainichen · 7077
Bestell-Nr. 666 142 9

00480

Inhalt

Radioaktivität

Am Ende des neunzehnten Jahrhunderts prägte der mechanische Materialismus das Weltbild der Naturwissenschaft. In der Physik war mit der mathematischen Formulierung der Grundgesetze der Mechanik, Thermodynamik und Elektrodynamik ein gewisser Abschluß erreicht. Der Satz von der Erhaltung der Energie hatte als universelles Gesetz allgemeine Anerkennung gefunden. Die Erkenntnisse dieser „klassischen Physik" befruchteten nachhaltig alle Gebiete der Technik und führten zu einer ständigen Verbesserung der Produktionsverfahren. Die innere Geschlossenheit der physikalischen Theorie und ihre außerordentlich große Leistungsfähigkeit führte bei manchen Gelehrten jener Zeit zu der Überzeugung, daß alles Wesentliche nun erkannt sei. So verwundert es nicht, daß der bekannte Münchner Physiker Philipp von Jolly dem ihn befragenden jungen Max Planck den Rat gab, von einem Studium der Physik Abstand zu nehmen, da sich das nicht mehr recht lohne, weil alles schon erforscht sei.
Auf dem Gebiet der Chemie setzten sich in der zweiten Hälfte des neunzehnten Jahrhunderts ebenfalls neue, grundlegende Anschauungen durch. Dmitri Iwanowitsch Mendelejew und Lothar Meyer hatten das Periodensystem gefunden, das in der Folgezeit durch die zielgerichtete Vorhersage und anschließende Entdeckung neuer chemischer Elemente eine glänzende Bestätigung seiner Richtigkeit erfuhr. Auch die Chemie der Kohlenstoffverbindungen, die organische Chemie, trat nach der Überwindung spekulativer Auffassungen in ein entscheidendes Entwicklungsstadium. Der Weg für den Aufbau der chemischen Großindustrie war frei. Noch reichten jedoch die Vorstellungen der chemischen Atomistik nicht über die von John Dalton im Jahre 1807 auf der Grundlage der griechischen Naturphilosophie Demokrits und eigener empirischer Erfahrungen geschaffene Atomhypothese hinaus. Danach bestehen alle Stoffe aus kleinsten unteilbaren Teilchen, den Atomen (atomos = unteilbar). Die Atome

eines chemischen Elementes stimmen in allen ihren Eigenschaften überein. Von Element zu Element unterscheiden sie sich jedoch durch ihre Masse. Die Atome verschiedener chemischer Elemente können sich nicht ineinander umwandeln. Bei chemischen Reaktionen erfolgt lediglich eine Zusammenlagerung oder Umgruppierung von Atomen, wobei sich die Moleküle der chemischen Verbindungen bilden.

In den letzten Jahren vor der Jahrhundertwende vollzogen sich in den Naturwissenschaften Wandlungen, die zu den tiefgreifendsten gehören, die jemals in der Geschichte der Wissenschaft stattgefunden haben. Eine Reihe aufsehenerregender Entdeckungen erschütterten die Grundpfeiler des bisherigen mechanistischen Weltbildes. Die Zeit war reif, die klassische Physik und die chemische Atomistik durch neue fundamentale Erkenntnisse zu erweitern. Von einem „Abschluß" oder einer möglichen „Vollendung" der Physik konnte keine Rede mehr sein. Die mit der inneren Umgestaltung des physikalischen Weltbildes einsetzende „Krise der Physik" hat Wladimir Iljitsch Lenin später in seinem Werk „Materialismus und Empiriokritizismus" eingehend analysiert. Die Fortschritte der Physik am Ende des 19. Jahrhunderts waren auf das engste mit der Herausbildung des modernen Atombegriffs der Chemie verknüpft. An der realen Existenz der Atome konnte kein Zweifel mehr bestehen. Es wurde klar, daß sich die Atome nicht wie tote, unveränderliche Kügelchen verhalten, welche die Gesetze der klassischen Mechanik befolgen. Für Physik und Chemie wurden die Erforschung des Aufbaus der Atome und die Formulierung einer neuen atomistischen Theorie zu Fragen von erstrangiger Bedeutung.

Den Anstoß zu jener großen Revolution in den Naturwissenschaften gab der deutsche Physiker Wilhelm Conrad Röntgen. Im November des Jahres 1895 entdeckte er in Würzburg die später nach ihm benannte elektromagnetische Strahlung. Diese unsichtbare Strahlung vermochte nicht nur die verschiedensten Stoffe zu durchdringen, sondern auch Photoplatten zu schwärzen sowie die Glaswände der Entladungsröhren und manche Kristalle zum Leuchten zu bringen. Die Eigenschaften der neuartigen Strahlung erregten in wissenschaftlichen Kreisen erhebliches Interesse. Es drängte sich insbesondere der Gedanke eines ursächlichen Zusammenhangs zwischen der Entstehung von Röntgenstrahlung und der Aussendung von Lumineszenzlicht auf. Nach Versuchen mit lumineszierenden Uraniumsalzen glaubte der französische Physiker Henri Becquerel bereits 1896 die experimentelle Bestätigung für diesen Zusammenhang gefunden zu haben. Dem Sonnenlicht ausgesetzte Kristalle von Uranylsulfat schwärzten lichtdicht verpackte Photoplatten, selbst wenn diese zusätzlich mit Glas oder anderen Stoffen bedeckt waren. Bald mußte er jedoch erkennen, daß zwischen der gefundenen Strahlung und dem Lumineszenzvermögen der Kristalle keinerlei Beziehungen bestanden. Von allen Uraniumsalzen, auch den nichtlumineszierenden, ging eine unsichtbare, aber durchdringende Strahlung aus. Diese war wie die Röntgenstrahlung photographisch wirksam und besaß die Fähigkeit, Luft elektrisch leitend zu machen.

Unabhängig voneinander stellten die junge Polin Marie Skłodowska-Curie und Gerhard C. Schmidt fest, daß auch von Thorium und seinen Verbindungen eine solche Strahlung ausgeht.

Bei weiterführenden systematischen Untersuchungen aller chemischen Elemente bemerkte das Ehepaar Pierre und Marie Curie, daß einige Uraniumerze, namentlich die Uraniumpechblende aus dem böhmischen Jachymov (Joachimsthal), eine millionenmal stärkere Strahlung aussandten, als nach ihrem Uraniumgehalt zu erwarten war. Mit genialer Sicherheit schloß Marie Curie daraus, daß diese Minerale neben Uranium weitere strahlende Stoffe enthalten müssen. Noch im Jahre 1898 konnte das Forscherehepaar nach unbeirrbarer, mühevoller Arbeit diese Vermutung experimentell beweisen und die beiden neuen strahlenden Elemente Polonium und Radium isolieren.

Die Entdeckung der spontanen Strahlung schwerer Elemente, von Marie Curie als Radioaktivität bezeichnet, faszinierte die gesamte wissenschaftliche Welt. Kein Ergebnis der Naturwissenschaft hat stärker zum Wandel des Atombegriffs beigetragen als die neuen Erkenntnisse der radioaktiven Umwandlungsphänomene. Die alten Vorstellungen der Chemiker von der Unveränderlichkeit und Unteilbarkeit der Atome mußten revidiert werden. Die Atome waren auf einmal keine ewig stabilen Elementarbausteine mehr, sondern wandelbare Gebilde. Das war etwas grundsätzlich Neues, Unerwartetes! Allerorts wurden kühne Hypothesen diskutiert, aber auch besorgniserregende Fragen aufgeworfen. Woher stammte die bei den Strahlungsprozessen andauernd freigesetzte Energie? War eine radioaktive Substanz ein Perpetuum mobile? Lag bei den radioaktiven Prozessen die Verletzung eines Grundgesetzes der gesamten Naturwissenschaft vor, des Satzes von der Erhaltung der Energie? Ausblicke in ein weites wissenschaftliches Neuland eröffneten sich.

Nach der epochemachenden Entdeckung der Radioaktivität rangen Physiker und Chemiker jahrzehntelang um ein tieferes Verständnis der spontanen Atomvorgänge. Unter den vielen erstrangigen Naturforschern, die durch ihre grundlegenden und umwälzenden Erkenntnisse der Menschheit den Weg zur Nutzbarmachung der Atomenergie bahnten, ragen neben Madame Curie und Ernest Rutherford der Chemiker Otto Hahn und die Physikerin Lise Meitner besonders hervor.

Studienjahre und erste wissenschaftliche Erfolge

Der „gute Jahrgang“

Der Physiker Carl Ramsauer, selbst 1879 geboren, soll einmal scherzhaft vom „guten Jahrgang 1879“ gesprochen haben. In diesem Jahr erblickten Albert Einstein (14. März), Otto Hahn (8. März) und Max von Laue (9. Oktober) das Licht der Welt. Max Planck meinte, man müsse aber auch Lise Meitner hinzurechnen, obwohl sie etwas regelwidrig schon am 7. November 1878 geboren wurde, sie habe als „vorwitziges Mädchen“ die Zeit nicht abwarten können. Jahrzehnte später verband diese großen Naturforscher eine enge und freundschaftliche Zusammenarbeit. In den zwanziger Jahren unseres Jahrhunderts kamen sie alle – gemeinsam mit so berühmten Physikern wie Walter Nernst, Erwin Schrödinger, Gustav Hertz und James Franck – wöchentlich im physikalischen Kolloquium der Berliner Universität zusammen. Berlin hatte sich zu einem bedeutenden Zentrum der Wissenschaft entwickelt. In die Berliner Zeit von Otto Hahn und Lise Meitner fallen der wesentlichste Teil des wissenschaftlichen Lebenswerkes dieser bedeutenden Atomforscher. Durch die in dreißigjähriger Zusammenarbeit auf dem Gebiet der Radioaktivität erzielten Forschungsergebnisse erlangten sie Weltruhm. Mit der Entdeckung der Kernspaltung leiteten sie ein neues Zeitalter in der Menschheitsgeschichte ein.

Otto Hahn blieb in den Jahren nach der nationalsozialistischen Machtergreifung standhaft und unbeugsam, konnte sich aber ohne ernsthafte Bedrängnis bis 1945 der wissenschaftlichen Arbeit widmen. Nach dem zweiten Weltkrieg setzte er sich mit dem ganzen Gewicht seiner Autorität gegen den militärischen Mißbrauch der neu entdeckten Energiequelle, der Kernenergie, ein und wies immer wieder auf die Verantwortung des Wissenschaftlers für die möglichen Folgen seiner Forschung hin.

Lise Meitner, von Albert Einstein oft „unsere Madame Curie“ genannt, mußte in den Jahren der faschistischen Gewaltherrschaft wie viele der besten Wissenschaftler, Künstler und Schriftsteller aus rassischen Gründen Deutschland verlassen. Nach dem Kriegsende kehrte sie nicht aus dem Ausland zurück. Lise Meitner blieb in Stockholm und übersiedelte im hohen Alter nach Cambridge in England. Bei vielen Gelegenheiten traf sie aber wieder mit den alten Kollegen zusammen. Bis an das Lebensende blieben Otto Hahn und Lise Meitner in herzlicher Freundschaft verbunden.

Vom organischen Chemiker zum Kernchemiker

Otto Hahn wurde als der jüngste von vier Söhnen in Frankfurt am Main geboren. Sein Vater betrieb dort eine kleine Glaserei, die sich später zu einem größeren Unternehmen entwickelte. Durch Strebsamkeit und Fleiß erlangten die Eltern bald finanzielle Sicherheit und Ansehen. Die vier Brüder wuchsen unbeschwert in einer kleinbürgerlichen Atmosphäre heran. Der Umgang mit den aus „ärmlicheren" Verhältnissen stammenden Kindern der Nachbarschaft war ihnen verboten. Während sein ältester Bruder Karl auf das angesehene altsprachliche Goethe-Gymnasium geschickt wurde, durfte Otto nur die Klinger-Oberrealschule besuchen. Mit scherzhaften Worten hat Otto Hahn „den Mangel an humanistischer Bildung" noch nach Jahrzehnten bedauert.
Während der Oberrealschulzeit regte sich das erste Interesse an der Chemie. Otto Hahn erinnert sich an einen sehr guten Unterricht in Mathematik, Französisch und Englisch.

Sehr viel bescheidener war der Unterricht in den Naturwissenschaften. Dem Physiklehrer, offenbar durch sein Stottern sehr gehemmt, gelang es trotz aller Anstrengungen nicht, uns für die Physik zu interessieren. Der Unterricht in Chemie war zum Schlafen langweilig, und doch interessierte ich mich zunehmend gerade für dieses Fach. [2, S. 31]

Seine Berufswahl wurde wohl besonders durch eine Schülervorlesung über organische Farbstoffe beeinflußt, die der Ordinarius für Chemie an der später gegründeten Frankfurter Universität, Professor Martin Freund, im Frankfurter Physikalischen Verein gehalten hatte. Otto Hahn gelang es, den Vater umzustimmen, der seinen jüngsten Sohn gern als zukünftigen Architekten gesehen hätte.

Nach dem Abitur bezog Otto Hahn im Sommer 1897 die nahegelegene Universität Marburg, um Chemie zu studieren. Er belegte das Hauptkolleg Chemie bei dem Organiker Theodor Zincke und nahm regelmäßig an den chemischen Laborübungen teil. Nur selten besuchte er jedoch die Physikvorlesungen bei Professor Franz Emil Melde, einem alten Herrn, der von den Studenten nicht mehr sehr ernst genommen wurde. Mit Bedauern stellte er später gelegentlich fest, daß er den Mangel an gründlicher Physikausbildung nie hat richtig aufholen können. Das beleuchtet eine kleine Anekdote, die Fritz Straßmann in seiner Schrift „Kernspaltung, Berlin 1938“ folgendermaßen wiedergibt:

Aristid v. Grosse, Ende der 20er Jahre Mitarbeiter am Kaiser-Wilhelm-Institut, schrieb in einem Brief, daß er einmal im Erdgeschoß des Instituts Lise Meitner im Gespräch mit einem Physiker traf, als Otto Hahn auf dem Wege in sein Zimmer im I. Stock vorbeikam. Als Hahn sich mit einigen Bemerkungen an der Unterhaltung beteiligen wollte, sagte Lise zu ihm: „Hähnchen, geh' nach oben – von Physik verstehst Du nichts!“ [30, S. 237]

In Marburg führte Otto Hahn ein fröhliches und unbeschwertes Studentenleben. Dem zünftigen Biertrinken in der Kneipe war er durchaus zugetan. Das dritte und vierte Semester verbrachte er in München, um die quantitative Analyse kennenzulernen. Außerdem belegte er dort die Vorlesung des berühmten Chemikers Adolf von Baeyer. Während seiner Münchner Zeit lernte Otto Hahn auch das Bergsteigen und Wandern kennen. Ebenso wie Max Planck und Max von Laue ist er bis ins hohe Alter immer wieder mit Freunden in die Berge gegangen. Im Laufe der Jahre hat er in den Ferien die meisten bedeutenden Alpengipfel bestiegen. Begleitet wurde er dabei oft von seinem älteren Bruder Heiner. Auch Max von Laue und der Dresdner Schwachstromtechniker Professor Heinrich Barkhausen gehörten zu seinen Seilgefährten.
Zurückgekehrt nach Marburg, begann Otto Hahn im Sommer des Jahres 1900 zielstrebig seine Doktorarbeit mit dem Titel „Über Bromderivate des Isoeugenols“. Bei der Beschäftigung mit diesem Thema der klassischen organischen Chemie aus dem Forschungsbereich seines Lehrers Geheimrat Theodor Zincke lernte er jenen sorgfältigen und exakten Arbeitsstil, der ihn später auszeichnete. Bereits am 24. Juli 1901 promovierte er mit dem Prädikat „magna cum laude“.

Nach Absolvierung des üblichen Militärdienstes trat Otto Hahn im Oktober 1902 für zwei Jahre die Stellung eines Vorlesungsassistenten bei seinem Doktorvater Professor Zincke an. Er verfolgte nicht die Absicht, später eine Hochschul- oder Forschungstätigkeit aufzunehmen, sondern erhoffte sich eine gute Stelle als Industriechemiker. Diese wurde ihm schließlich auch von der chemischen Fabrik Kalle & Co. in Biebrich unter der Bedingung angeboten, daß er für gelegentliche Auslandseinsätze zuvor seine Fremdsprachenkenntnisse noch etwas erweitere. Geheimrat Zincke riet ihm zu einem halbjährigen Aufenthalt in England und schrieb einen Empfehlungsbrief an den berühmten Entdecker der Edelgase Sir William Ramsay. Dieser antwortete positiv und stellte einen Arbeitsplatz in seinem Laboratorium zur Verfügung.

Im Herbst 1904 reiste Otto Hahn nach London. Der Aufenthalt im University College sollte seine weitere wissenschaftliche Laufbahn in entscheidender Weise beeinflussen. Ramsay, ein begeisterter Naturforscher, schlug ihm vor, auf dem noch ganz jungen Gebiet der Radioaktivität zu arbeiten. Otto Hahn berichtete später folgendes:

> Mich selbst fragte Ramsay, ob ich über Radium arbeiten wolle, und als ich ihm sagte, daß ich vom Radium gar nichts wisse, meinte er, das schade nichts, dann würde ich unbefangener an die Dinge herantreten. Er gab mir eine Schale mit etwa 100 g Bariumchlorid und teilte mir mit, in diesem sei Radium enthalten, etwa 10 mg. Ich solle nach der Methode von Madame Curie das Radium vom Barium trennen, reines Radium herstellen und durch eine Reihe organischer Verbindungen eine Atomgewichtsbestimmung des Radiums durchführen. [1, S. 12]

Hahn widmete sich mit großem Eifer der Abtrennung des Radiums unter Anwendung der Methode der fraktionierten Kristallisation. Da das ihm übergebene Präparat aus einem Mineral stammte, das neben Uranium auch Thorium enthielt, fand er dabei „rein zufällig" in der leichter löslichen Fraktion einen neuen stark strahlenden Stoff, der sich chemisch wie Thorium verhielt. Er nannte diese Substanz Radiothorium ($^{228}_{90}Th$). Ramsay war über die Entdeckung eines neuen radioaktiven Stoffes in seinem Institut so erfreut, daß er eine Mitteilung in der Royal Society machte. Er ermunterte Otto Hahn, bei der Radioaktivität zu bleiben und auf die in Aussicht genommene Industriestellung zu verzichten. Gleichzeitig sandte er an den einflußreichen Berliner Chemiker Geheimrat Emil Fischer ein Empfehlungsschreiben mit der Bitte, Otto Hahn in das Chemische Institut der Universität aufzunehmen. Emil Fischer sagte zu.

Bevor Otto Hahn jedoch nach Berlin ging, wollte er sich bei dem bekannten Physiker Ernest Rutherford in Montreal (Kanada) noch gründlicher mit den Arbeitsmethoden der Radioaktivität vertraut machen. Neben den vorwiegend chemisch arbeitenden Curies in Paris galt Rutherford damals schon als der beste Kenner der radioaktiven Umwandlungsphänomene. Er beschäftigte sich in erster Linie mit den physikalischen Methoden des Strahlungsnachweises. Es war ihm gelungen, die Natur der Alphastrahlung aufzuklären und gemeinsam mit Frederick Soddy die radioaktiven Umwandlungsreihen zu deuten. Rutherford empfing Otto Hahn im Herbst 1905 zu einem etwa zehnmonatigen Aufenthalt in seinem Institut. Die Entdeckung des Radiothoriums war dort mit Skepsis aufgenommen worden.

Rutherfords Freund, der Radiochemiker Bertram B. Boltwood von der Yale Universität, hatte vor der Ankunft Hahns geschrieben:

The substance of Hahn appears to be a new compound of Thorium X and stupidity. [1, S. 23]

[Diese neue Substanz von Hahn scheint eine Verbindung von Thorium X ($^{224}_{88}$Ra) und Dummheit zu sein.]

Bald konnte Otto Hahn aber den zweifelnden Rutherford durch einen strahlungsphysikalischen Nachweis von der Richtigkeit seiner Entdeckung überzeugen.

In Montreal erlernte Otto Hahn unter bescheidenen Bedingungen gründlich die typische physikalische und chemische Arbeitstechnik der Radioaktivität. Er schrieb hierüber:

Verglichen mit späteren Zeiten waren die apparativen Hilfsmittel sehr einfach. Unsere β- und γ-Strahlen-Elektroskope stellten wir uns aus einer größeren Konserven- oder sonstigen Blechdose her, auf die eine kleinere Tabaks- oder Zigarettendose aufgesetzt war. Die Isolation des Blättchenträgers geschah mit Schwefel, denn Bernstein hatten wir damals noch nicht... Anderseits war das ganze Forschungsgebiet noch so neu, daß man auch mit primitiven Mitteln leicht Entdeckerfreuden erleben konnte. [1, S. 30]

Otto Hahn glückte in Montreal bald der Nachweis zweier weiterer radioaktiver Atomarten, des Radioactiniums ($^{227}_{90}$Th) und des Thoriums C' ($^{212}_{84}Po$), die in Rutherfords Arbeitsgruppe übersehen worden waren. Auch in diesen Fällen konnte er den kritischen Strahlenphysiker erst durch Reichweitenmessung der emittierten Alphateilchen, bzw. Aufnahme der Umwandlungskurve, nicht aber durch chemische Beweise, überzeugen. Anerkennend schrieb Rutherford 1906:

Hahn has a special smell for discovering new elements. [2, S. 75]
[Hahn hat einen besonderen Riecher für die Entdeckung neuer Elemente.]

Otto Hahn wurde durch die überragende Persönlichkeit, den fanatischen Forscherdrang und die menschliche Freundschaft Rutherfords in starkem Maße beeinflußt. Die Zeit im Rutherfordschen Institut bezeichnete er oft als die schönste seines Lebens. Sein Interesse für die gezielte Suche neuer radioaktiver Atomarten war geweckt. In einem Vortrag sagte er einmal rückblickend:

Von meiner organischen Chemie blieb nichts mehr übrig, die Transmutation vom Organiker zum Atomforscher war vollkommen. [30, S. 238]

Als Frau in den Naturwissenschaften

Lise Meitner wurde als Tochter eines Rechtsanwalts in Wien geboren. Vater und Mutter hatten jüdische Vorfahren. Schon in den Jugendjahren zeigte sich ihre überdurchschnittliche Begabung und ein reges Interesse an mathematisch-naturwissenschaftlichen Dingen. Auch ihre spätere Liebe für die Musik, Kunst und Literatur wurde bereits im Elternhaus geweckt.
Nach dem normalen Schulabschluß bereitete sich Lise Meitner privat auf das Abitur vor, um die Hochschulreife zu erlangen. Da es um die Jahrhundertwende in Wien noch keine Mädchengymnasien gab, legte sie das Abiturientenexamen als Externe an einer Knabenschule ab. Sie faßte danach den für ein Mädchen in jener Zeit recht ungewöhnlichen Entschluß, an der Universität ihrer Heimatstadt Physik zu studieren.
Einen tiefen Eindruck hinterließen bei ihr die mit Begeisterung vorgetragenen Vorlesungen von Ludwig Boltzmann zur theoretischen Physik. Unter Franz Seraphin Exner promovierte Lise Meitner am 1. Februar 1906 als zweite Frau auf dem Gebiet der

Physik an der Wiener Universität. Ihre Doktorarbeit mit dem Titel „Wärmeleitung in inhomogenen Körpern" behandelte die experimentelle Prüfung der Übertragbarkeit einer Formel Maxwells für die Elektrizitätsleitung in inhomogenen Medien auf Probleme der Wärmeleitung in Quecksilberemulsionen. Im gleichen Jahr erschien in den Sitzungsberichten der Preußischen Akademie der Wissenschaften eine zweite Arbeit Lise Meitners: „Über einige Folgerungen, die sich aus den Fresnelschen Reflexionsformeln ergeben". Im Institut für theoretische Physik hatte sich zur damaligen Zeit Stefan Meyer als Assistent von Ludwig Boltzmann dem neuen Gebiet der Radioaktivität zugewandt. Lise Meitner schloß sich der Gruppe Meyers an und begann mit Untersuchungen zu den Eigenschaften der Strahlungsarten radioaktiver Stoffe. Diese Arbeiten sollten ihre wissenschaftliche Laufbahn entscheidend beeinflussen. Auch am Physikalischen Institut der Wiener Universität wurde damals unter recht bescheidenen Bedingungen experimentiert. Der österreichische Physiker Karl Przibram, ein Kollege Lise Meitners, schrieb einmal in seinen „Erinnerungen an ein altes physikalisches Institut" die Sätze:

Lise Meitner arbeitete im Zimmer neben meinem. Die Fenster gingen in den Hof des Hauses: ein trübseliger grauer Vorstadthof, in dem Katzen herumschlichen und ab und zu Werkelmänner und Straßensänger — jetzt längst aus dem Straßenbild verschwunden — ihre Kunst zum Besten gaben. Die heutige junge Physikergeneration kann sich kaum vorstellen, unter wie primitiven Verhältnissen damals gearbeitet wurde; sie sind gewohnt in wahren Institutspalästen zu arbeiten und an komplizierten elektronischen Apparaten herumzubasteln, wenn sie nicht gar irgendwo im Ausland zu einer der modernen Riesenmaschinen zur Teilchenbeschleunigung zugelassen werden. Damals aber war die Blütezeit der Blättchenelektroskope, die mittels Zambonisäulen aufgeladen wurden, Instrumente, die heute so ziemlich ausgestorben sind wie Lichtputzschere und Stiefelknecht. [9, S. 4]

Stefan Meyer hatte bereits 1900 gemeinsam mit Egon von Schweidler, der später den statistischen Charakter der radioaktiven Umwandlungsprozesse erkannte, die magnetische Ablenkung der Radiumstrahlen entdeckt. Die ersten Versuche Lise Meitners trugen rasch Früchte und führten zur Veröffentlichung der beiden Arbeiten: „Über die Absorption der α- und β-Strahlen" (1906) und „Über die Zerstreuung der α-Strahlen"

(1907). Neben der rein experimentellen Arbeit galt ihr Interesse aber immer wieder der theoretischen Physik. Der Selbstmord des von Lise Meitner so hochverehrten Ludwig Boltzmann mag wohl Anlaß für ihren Entschluß gewesen sein, im Herbst 1907 nach Berlin zu Max Planck zu gehen, um tiefer in die theoretische Physik einzudringen. Die Eltern erteilten verständnisvoll die Zustimmung und gewährten ihr eine bescheidene finanzielle Unterstützung. Berlin sollte für fast 31 Jahre zu ihrer Wahlheimat werden. Hier vollbrachte Lise Meitner ihre größten wissenschaftlichen Leistungen. In Berlin wurde ihr aber auch bitteres Leid und Unrecht durch das menschenverachtende nationalsozialistische Herrschaftssystem zugefügt.

1907 wurden in Preußen Frauen noch nicht zum akademischen Studium zugelassen. Erst ein Jahr später wurde hierfür die offizielle Genehmigung erteilt. Max Planck gehörte entsprechend seiner konservativen Einstellung zwar nicht zu den Gegnern, aber auch nicht zu den uneingeschränkten Befürwortern des Frauenstudiums. In einem 1897 in Berlin unter dem Titel „Die Akademische Frau“ erschienenen Gutachten von 104 deutschen Hochschullehrern über die Befähigung der Frau zum wissenschaftlichen Studium und Berufe schrieb er:

Wenn eine Frau, was nicht häufig, aber doch bisweilen vorkommt, für die Aufgaben der theoretischen Physik besondere Begabung besitzt und außerdem den Trieb in sich fühlt, ihr Talent zur Entfaltung zu bringen, so halte ich es, in persönlicher wie auch in sachlicher Hinsicht, für unrecht, ihr aus prinzipiellen Rücksichten die Mittel zum Studium von vornherein zu versagen, ich werde ihr gerne, soweit es überhaupt mit der akademischen Ordnung verträglich ist, den probeweisen und stets widerruflichen Zutritt zu meinen Vorlesungen und Übungen gestatten, und habe in dieser Beziehung auch bis jetzt nur gute Erfahrung gemacht.

Andererseits muß ich aber daran festhalten, daß ein solcher Fall immer nur als Ausnahme betrachtet werden kann und daß es insbesondere höchst verfehlt wäre, durch Gründung besonderer Anstalten die Frauen zum akademischen Studium heranzuziehen, wenigstens sofern es sich um die rein wissenschaftliche Forschung handelt. Amazonen sind auch auf geistigem Gebiet naturwidrig. Bei einzelnen praktischen Aufgaben, z. B. in der Frauenheilkunde, mögen vielleicht die Verhältnisse anders liegen, im allgemeinen aber kann man nicht stark genug betonen, daß die Natur selbst der Frau ihren Beruf als Mutter und als Hausfrau vorgeschrieben hat und daß Naturgesetze unter keinen Umständen ohne schwere Schädigungen, welche sich im vorliegenden Falle besonders an dem nachwachsenden Geschlecht zeigen würden, ignoriert werden können. [36, S. 32]

Für Lise Meitner entstanden im wissenschaftlichen Leben manche Schwierigkeiten, die ihren männlichen Kollegen unbekannt waren. Stets ordnete sie aber ihre persönlichen Empfindungen den Zielen ihrer unermüdlichen Forschungsarbeit unter. Durch ihr bescheidenes und liebenswürdiges Wesen und die sich einstellenden wissenschaftlichen Erfolge gewann sie im Kreise der jungen Berliner Physiker nicht nur Ansehen, sondern zahlreiche Freunde.

Max Planck wurde im Seminar bald auf Lise Meitner aufmerksam und erkannte ihre große Begabung. Er ernannte sie 1912 sogar zu seiner Assistentin am Institut für theoretische Physik. Diese Stellung hatte sie bis 1915 inne und war damit die erste wissenschaftliche Assistentin an einer preußischen Universität. Aus dieser Tätigkeit entwickelte sich ein enges freundschaftliches Verhältnis zu Max Planck und dessen Familie. Häufig war sie später mit anderen Assistenten ein gern gesehener Gast in seinem Hause.

Die theoretischen Studien bei Max Planck bedeuteten aber keine Abkehr von der experimentellen Physik. Durch Vermittlung von Heinrich Rubens, der das Institut für Experimentalphysik an der Berliner Universität leitete, wurde Lise Meitner im September 1907 mit dem fast gleichaltrigen Otto Hahn bekannt. Hahn, der damals schon einen guten Ruf als Radiochemiker besaß, machte ihr den Vorschlag, gemeinsam wissenschaftlich zu arbeiten. Da Lise Meitner schon in Wien mit radioaktiven Stoffen experimentiert hatte, nahm sie das verlockende Angebot an. Das glückliche Zusammenwirken des meisterhaften Radiochemikers und der kritischen Physikerin sollte auf dem Gebiet der Radioaktivität zu Fortschritten von unabsehbarer Bedeutung führen. In seiner Autobiographie schrieb Otto Hahn später:

Aus dem zunächst auf zwei Jahre begrenzten Aufenthalt Lise Meitners in Berlin wurden mehr als 30 Jahre gemeinsamen Schaffens und dauernder Freundschaft. [2, S. 86]

Die Arbeitsgemeinschaft Hahn – Meitner

Kernforschung in der Holzwerkstatt

Im Sommer 1906 kehrte Otto Hahn aus Kanada zurück und nahm im Oktober vereinbarungsgemäß bei dem berühmten Organiker Geheimrat Emil Fischer, dem Nobelpreisträger des Jahres 1902, seine Forschungsarbeit auf. Im Chemischen Institut der Berliner Universität in der Hessischen Straße beschäftigte man sich damals mit der Chemie der Kohlenhydrate. Weder Emil Fischer noch seine Mitarbeiter interessierten sich ernsthaft für das „ausgefallene" Gebiet der Radioaktivität. Zum ersten Mal war Otto Hahn ganz auf sich allein gestellt. Als Arbeitsraum hatte ihm Emil Fischer eine unbenutzte Holzwerkstatt im Erdgeschoß des Institutes zugewiesen. Nachdem die Hobelbank entfernt und ein schwerer Labortisch aufgestellt war, ließ sich Otto Hahn nach den bei Rutherford gesammelten Erfahrungen drei Elektroskope zum Nachweis von Alpha-, Beta- und Gammastrahlung bauen. Außerdem verschaffte er sich Proben von den wichtigsten damals bekannten radioaktiven Substanzen. Als erste Aufgabe stellte sich Hahn das Ziel, gewisse Unstimmigkeiten zu klären, die bei der Halbwertzeitbestimmung des von ihm entdeckten Radiothoriums ($^{228}_{90}$Th) aufgetreten waren. Bereits in Montreal hatte er in Diskussionen mit dem amerikanischen Chemiker Professor B. Boltwood die Vermutung geäußert, daß zwischen dem Thorium ($^{232}_{90}$Th) und dem Radiothorium ($^{228}_{90}$Th) noch ein unbekannter Zwischenkörper liegen könnte. Durch systematische Untersuchungen von Thoriumpräparaten verschiedenen Alters gelang ihm sehr bald der Nachweis dieser Zwischensubstanz. Otto Hahn nannte sie Mesothorium. In genaueren Untersuchungen zeigte sich schließlich, daß das Mesothorium aus zwei im radioaktiven Gleichgewicht befindlichen Substanzen, dem längerlebigen Mesothorium 1 ($^{228}_{88}$Ra, Halbwertzeit 5,77 Jahre) und dem kurzlebigen Mesothorium 2 ($^{228}_{89}$Ac, Halbwertzeit 6,13 Stunden), bestand. Da das aus dem Mesothorium gebildete Radiothorium mit seinen Folgeprodukten ein ähnliches Strahlungsgemisch wie das damals schon recht teuere Radium emittierte, wurde die technische Herstellung aktuell. Lange Zeit hat Otto Hahn bei der Berliner Firma Knöfler die Herstellung von Mesothoriumpräparaten überwacht, die hervorragende Dienste bei der medizinischen Strahlentherapie leisteten.

Erfolglos blieben jedoch alle Versuche, das Mesothorium 1 vom Radium zu trennen. Auch die chemische Trennung des Radiothoriums vom Thorium war nie gelungen. Otto Hahn sah darin einen Beweis für die außerordentlich große Ähnlichkeit mancher Elementgruppen, der Gedanke an wirklich gleiche chemische Eigenschaften kam ihm nicht. In seiner wissenschaftlichen Selbstbiographie schrieb er dazu:

Heute kommt es uns unverständlich vor, daß man mit dieser Kenntnis nicht früher auf den Begriff der Isotopie kam. Es mußten noch Moseley kommen mit dem Begriff der Ordnungszahl, Rutherford mit dem Kernmodell des Atoms, Fajans sowie Soddy und Fleck mit der radioaktiven Verschiebungsregel, bis Soddy das erlösende Wort sprach. Er hatte sicher nicht so viele negative Trennungsversuche gemacht wie ich, aber er hatte mehr Mut. [1, S. 46]

Im Frühjahr 1907 habilitierte sich Otto Hahn an der Universität Berlin unter Emil Fischer für das Fach Chemie. Die Einreichung einer besonderen Habilitationsschrift war nicht erforderlich. Eine seiner bisherigen Veröffentlichungen über Radioaktivität wurde von der Fakultät dafür anerkannt. In der Probevorlesung behandelte er das Thema „Die moderne Auffassung über die Konstitution der Materie". Im Habilitationskolloquium äußerte Emil Fischer, der noch immer den Geruch als empfindlichsten Indikator für den Nachweis chemischer Stoffe ansah, gewisse Bedenken gegen die vorgelegten Forschungsergebnisse. Es spricht aber für seinen Weitblick, daß er trotzdem die Arbeiten Otto Hahns wohlwollend förderte. In seinem Gutachten zur Habilitation schrieb er:

Alle zuvor erwähnten Untersuchungen legen Zeugnis dafür ab, daß Dr. Hahn mit den feinen Methoden der radioaktiven Forschung genau vertraut ist und die Fähigkeit besitzt, sie zur Erlangung neuer schöner Resultate zu benutzen. [3, S. 251]

Am 28. September 1907 wurde Lise Meitner die Partnerin Hahns bei der Forschungsarbeit. Auf Grund seiner konservativen Einstellung lehnte damals Emil Fischer noch die Aufnahme weib-

3 Gedenktafel am Chemischen Institut der Humboldt-Universität Berlin in der Hessischen Straße (enthüllt am 15. November 1966)

licher Mitarbeiter in das Chemische Institut ab. Für Lise Meitner konnte eine Ausnahmeregelung erwirkt werden. Der Zugang zur „Holzwerkstatt" war für sie jedoch nur durch eine Nebentür erlaubt. Alle übrigen Institutsräume, insbesondere die Experimentiersäle der Studenten, blieben ihr versperrt. Wenn Lise Meitner und Otto Hahn gemeinsam den Assistenten des Chemischen Instituts begegneten, konnte es in der ersten Zeit durchaus vorkommen, daß sie demonstrativ mit „Guten Tag, Herr Hahn" begrüßt wurden. Nach der gesetzlichen Regelung des Frauenstudiums in Preußen verbesserten sich auch die Bedingungen für Lise Meitner. Rückblickend schrieb sie:

Ab 1909 konnte ich nicht nur alle Institutsräume im Fischerschen Institut benutzen, sondern Emil Fischer hat mir in vielfacher Weise bei meinem wissenschaftlichen Werdegang geholfen und mir auch persönlich sein Wohlwollen und freundliches Interesse bewiesen. [30, S. 238]

In Montreal hatte Otto Hahn bereits die große Bedeutung der Reichweitebestimmung von Alphastrahlung für die Identifizierung neuer radioaktiver Stoffe kennengelernt. Es war naheliegend, derartige Absorptionsversuche auch auf die Betastrahlung auszudehnen. Er schlug Lise Meitner die gemeinsame Bearbeitung dieses Themas vor, und bereits im April 1908 konnten die ersten Ergebnisse in der Physikalischen Zeitschrift veröffentlicht werden. Obwohl sich später die Gültigkeit des angenommenen Absorptionsgesetzes nicht bestätigte, führten diese Untersuchungen zur Entdeckung des bisher übersehenen radioaktiven Nuklids AcC″ ($^{207}_{81}$Tl) in der Actinium-Reihe.

Da in der Holzwerkstatt keine Möglichkeiten zur Durchführung größerer physikalischer Experimente bestanden, suchten Otto Hahn und Lise Meitner die Zusammenarbeit mit Kollegen aus dem Kreis der gleichaltrigen Berliner Physiker. Gemeinsam mit Otto von Baeyer vom Physikalischen Institut der Universität entwickelten sie das erste magnetische Betaspektrometer. Die Aufklärung der komplizierten Natur der Beta-Energiespektren wurde für viele Jahre zum Spezialgebiet von Lise Meitner. Parallel dazu wurde die Suche neuer radioaktiver Stoffe fortgesetzt. Mit der Entdeckung des sogenannten radioaktiven Rückstoßes bei der Alphaumwandlung gelang Hahn und Meitner im Jahre 1909 ein besonders wichtiges Forschungsergebnis. Die Aufklärung dieses grundlegenden Phänomens der Radioaktivität ist ein typisches Beispiel für die exakte Arbeitsweise Otto Hahns und den scharfen Verstand Lise Meitners. Bei Versuchen zur Sammlung der festen, kurzlebigen Folgeprodukte AcA ($^{215}_{84}$Po), AcB ($^{211}_{82}$Pb) und AcC ($^{211}_{83}$Bi) der gasförmigen Actinium-Emanation (Actinon An= $^{219}_{86}$Rn) war bereits Stefan Meyer und Egon von Schweidler eine längerlebige Restaktivität aufgefallen, die nur 1/10000 der Anfangsaktivität des Niederschlages betrug. Durch beharrliche und systematische Untersuchungen konnte Otto Hahn zeigen, daß nicht ein unbekannter radioaktiver Stoff, sondern das Radioactinium (RdAc = $^{227}_{90}$Th) selbst, ein Vorläufer der Emanation also, die Ursache für diese äußerst geringe Restaktivität mit 18,2 Tagen Halbwertzeit war. Insbesondere der Vorschlag Lise Meitners, das Phänomen an extrem dünnen Schichten zu überprüfen, führte Otto Hahn zu dem Schluß, daß das Actinium X-Atom (AcX = $^{223}_{88}$Ra) im Moment seiner Entstehung durch die Alphaemission des Radioactiniums einen Rückstoß erfährt, der es aus dem Atomverband herauslöst. Es wird im elektrischen Feld der Apparatur beschleunigt und gelangt auf eine negativ geladene Elektrode. In der Physikalischen Zeitschrift schrieb Hahn:

Der Zerfall eines radioaktiven Atoms geschieht bekanntlich explosionsartig. Die Alphastrahlen erreichen eine Geschwindigkeit bis zu 1/10, die Elektronen nahezu völlige Lichtgeschwindigkeit. Zerplatzt nun ein derartiges radioaktives Atom, so wird das übrigbleibende Restatom durch das Ausschleudern der Elektronen oder mehr noch der Alphastrahlen einen Rückstoß bekommen, ähnlich wie die Kanone, wenn das Geschoß den Lauf verläßt. [48, S. 245]

In der Folgezeit wurde die Rückstoßmethode zur Abtrennung radioaktiver Nuklide aus den natürlichen Umwandlungsreihen angewendet und führte zur Auffindung des ThC'' ($^{208}_{81}$Tl). Nach Entdeckung des Neutrons und der künstlichen Radioaktivität erlangte der radioaktive Rückstoß in Form des Szilard-Chalmers-Effektes große praktische Bedeutung für die Gewinnung künstlich radioaktiver Rückstoßatome.

Die hervorragenden wissenschaftlichen Leistungen des Kollektivs Hahn – Meitner fanden im In- und Ausland wachsende Anerkennung. Otto Hahn wurde zum Mitglied der Atomgewichtskommission und der Internationalen Radiumstandardkommission berufen. Bei den nun öfter stattfindenden Zusammenkünften mit ausländischen Fachkollegen begegnete er auch Marie Curie. Dazu schrieb er in seiner Autobiographie:

Nachdem ich schon bei der Gründung der Kommission im Jahre 1910 mit Madame Curie bekannt geworden war, konnte ich die Bekanntschaft in Paris erneuern. Sie lud mich in ihre Wohnung ein, wo uns ihre beiden jungen Töchter Klavierstücke ihres polnischen Landsmanns Chopin vorspielten. [2, S. 98]

Im Mai 1911 lernte Otto Hahn bei einem Kongreß in Stettin die Kunststudentin Edith Junghans kennen. Zwei Jahre später fand die Hochzeit statt. Erst 1922 wurde Hahns einziger Sohn Hanno geboren.

Lise Meitner blieb unverheiratet. Mit der Frau ihres Kollegen war sie zeitlebens eng befreundet.

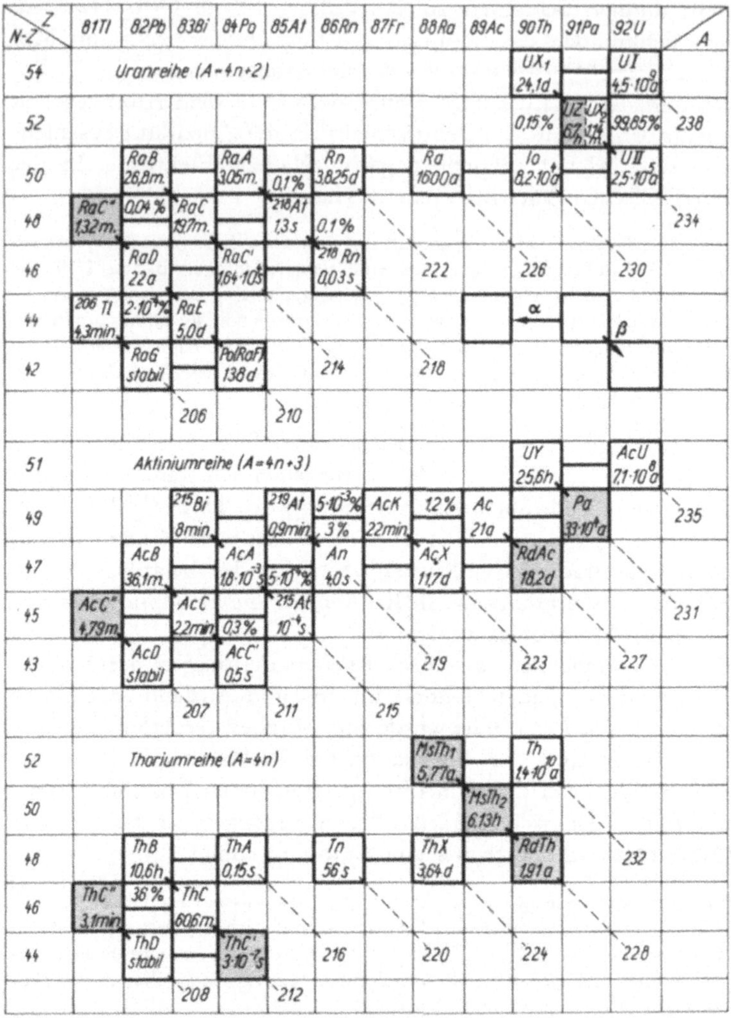

Z
N-Z
81Tl
82Pb
83Bi
84Po
85At
86Rn
87Fr
88Ra
89Ac
90Th
91Pa
92U
A
Uranreihe (A=4n+2)
UX1 24,1d
UI 4,5·10⁹a
0,15%
UZ 6,7h
UX2 1,14m
99,85%
238
RaB 26,8m.
RaA 3,05m.
0,1%
Rn 3,825d
Ra 1600a
Io 8,2·10⁴a
UII 2,5·10⁵a
RaC" 1,32m.
0,04%
RaC 19,7m.
218At 1,3s
0,1%
234
RaD 22a
RaC' 1,64·10⁻⁴s
218Rn 0,03s
222
226
230
206Tl 4,3min.
2·10⁻⁴%
RaE 5,0d
α
β
RaG stabil
Po(RaF) 138d
214
218
206
210
Aktiniumreihe (A=4n+3)
UY 25,6h
AcU 7,1·10⁸a
215Bi 8min.
219At 0,9min.
5·10⁻³%
3%
AcK 22min.
1,2%
Ac 21a
Pa 3,3·10⁴a
235
AcB 36,1m.
AcA 1,8·10⁻³s
5·10⁻⁴%
An 4,0s
AcX 11,7d
RdAc 18,2d
AcC" 4,79m.
AcC 2,2min.
0,3%
215At 10⁻⁴s
231
AcD stabil
AcC' 0,5s
219
223
227
207
211
215
Thoriumreihe (A=4n)
MsTh1 5,77a
Th 1,4·10¹⁰a
MsTh2 6,13h
ThB 10,6h
ThA 0,15s
Tn 56s
ThX 3,64d
RdTh 1,91a
232
ThC" 3,1min
36%
ThC 60,6m
ThD stabil
ThC' 3·10⁻⁷s
216
220
224
228
208
212

4 Die drei natürlichen Umwandlungsreihen mit den zehn von Otto Hahn bzw. Otto Hahn und Lise Meitner entdeckten radioaktiven Nukliden

Erfolgreiche Arbeit am Kaiser-Wilhelm-Institut für Chemie

Die Arbeitsbedingungen in der Holzwerkstatt wurden immer ungünstiger. Der für die Untersuchungen erforderliche Aufbau neuer Apparaturen stieß zunehmend auf räumliche Schwierigkeiten. Zudem machte sich eine radioaktive Verseuchung der Laborräume störend bemerkbar. Es zeichnete sich bereits eine Beschränkung der Meßmöglichkeit für schwache radioaktive Proben ab.

In dieser Situation erwies sich für die weitere Forschungsarbeit von Otto Hahn und Lise Meitner die auf Drängen deutscher Wirtschafts- und Finanzunternehmen erfolgte Gründung der Kaiser-Wilhelm-Gesellschaft zur Förderung der Wissenschaften im Jahre 1911 als besonderer Glücksumstand. Durch eine von Großindustriellen und Bankiers kontrollierte Konzentration der Forschung wurde in erster Linie das Ziel verfolgt, für die aufstrebende Chemie- und Schwerindustrie den erforderlichen Vorlauf auf naturwissenschaftlich-technischem Gebiet zu erbringen. In modernen Forschungsstätten sollten den Wissenschaftlern, frei von den Belastungen des Lehr- und Ausbildungsbetriebes der Hochschulen und Universitäten, günstige Arbeitsmöglichkeiten geboten werden. Die gezielte Förderung der Natur- und Technikwissenschaften trug durchaus progressive Züge. Die Einrichtungen der Kaiser-Wilhelm-Gesellschaft konnten bald wissenschaftliche Erfolge ersten Ranges verbuchen. Anderseits war der tiefe Widerspruch zwischen den Zielen der humanistisch gesinnten Gelehrten und ihrer Geldgeber nicht zu übersehen. Die auf gesellschaftlichen Fortschritt und friedliche Entwicklung ausgerichtete Forschungsarbeit der Wissenschaftler wurde von den Profitinteressen der Kapitalmagnaten und deren Streben nach Vorbereitung eines neuen Aggressionskrieges überschattet. So war die mit Hilfe des preußischen Staates vollzogene Gründung der Kaiser-Wilhelm-Gesellschaft ein wichtiger Schritt zur Unterwerfung der modernen Wissenschaft unter die Herrschaft des Großkapitals.

Als erstes aller Forschungsinstitute wurde 1912 das Kaiser-Wilhelm-Institut für Chemie in Berlin-Dahlem eingeweiht. In diesem Institut, dessen Direktor er in den Jahren von 1928 bis

1945 werden sollte, erhielt Otto Hahn einen Dienstvertrag als wissenschaftliches Mitglied. Er wurde zum Leiter einer kleinen Abteilung für Radioaktivität benannt. Endlich verfügte er über eine Reihe schöner Laborräume und erhielt sein erstes Gehalt in Höhe von 5000 Mark im Jahr.

Lise Meitner arbeitete zunächst als unbezahlter Gast in Hahns Abteilung. Im Jahre 1914 erhielt sie von der Prager Universität das Angebot einer festen Anstellung mit der Aussicht auf eine spätere Professur. Erst daraufhin wurde in Anerkennung ihrer Leistungen auch für sie am Kaiser-Wilhelm-Institut für Chemie eine bezahlte Stelle als wissenschaftliches Mitglied geschaffen.

In den neuen Räumen wurde von Anfang an mit großer Sorgfalt und Disziplin gearbeitet, so daß bis zur Auslagerung der Abteilung im Herbst 1944 jegliche radioaktive Verseuchung vermieden werden konnte.

Im neuen Institut führten beide Forscher zunächst gemeinsam die in der Holzwerkstatt begonnenen Untersuchungen an Mesothorium, Actinium und deren Umwandlungsprodukte sowie zur magnetischen Betaspektrometrie fort. Durch die Entfesselung des ersten Weltkrieges wurde 1914 die Zusammenarbeit für drei Jahre unterbrochen.

Otto Hahn und Lise Meitner hatten sich noch nie ernsthaft mit Politik auseinandergesetzt. Ihr ganzes Streben galt der „reinen" Wissenschaft. Die Frage nach der gesellschaftlichen Verantwortung des Wissenschaftlers kam ihnen noch nicht in den Sinn. Während Albert Einstein entschieden gegen den deutschen Militarismus und Chauvinismus Stellung nahm, engagierte sich die Mehrzahl der Wissenschaftler im Krieg. Der demagogische Appell des Kaisers: „Ich kenne keine Parteien mehr, ich kenne nur noch Deutsche", [2, S. 112] fand Gehör. Lise Meitner meldete sich freiwillig zum Militärdienst und wurde als Röntgenschwester in Lazaretten der österreichisch-ungarischen Truppen eingesetzt. Otto Hahn zog, durchaus im Glauben, einer gerechten Sache zu dienen, für Kaiser und Vaterland ins Feld. Im Range eines Leutnants wurde er bald, wie die mit ihm befreundeten Physiker James Franck, Gustav Hertz und Wilhelm Westphal, einer Spezialtruppe für den Giftgaskrieg zugeteilt. Der Leiter des deutschen Giftgasprogramms, Geheimrat Fritz Haber, einer der bedeutendsten Chemiker seiner Zeit, zerstreute

Hahns Bedenken gegen den Einsatz chemischer Kampfstoffe mit dem Einwand, daß unzählige Menschenleben zu retten seien, wenn der Krieg durch die Verwendung von Giftgasen schnell beendet würde. Mit dem gleichen Argument versuchten übrigens dreißig Jahre später USA-Militärs den verbrecherischen Abwurf zweier Kernspaltungsbomben auf die japanischen Städte Hiroshima und Nagasaki zu rechtfertigen.
Otto Hahn war erschüttert, als er die ersten Opfer des Gaskrieges in den gegnerischen Schützengräben quallvoll sterben sah. Als Chemiker mußte er sich jedoch unter Anleitung von Professor Fritz Haber an der Entwicklung und Erprobung der furchtbaren Gaskampfstoffe Grünkreuz und Blaukreuz beteiligen. In aller Offenheit schrieb er später in seiner Selbstbiographie:

Der ständige Umgang mit diesen starken Giftstoffen hatte uns so weit abgestumpft, daß wir beim Einsatz an der Front keinerlei Skrupel hatten. [2, S. 122]

Professor Haber, der „Vater des Gaskrieges", wurde nach Beendigung des Krieges im Versailler Vertrag zwar als Kriegsverbrecher gebrandmarkt, aber nie verurteilt. Für das von ihm vor dem Krieg gemeinsam mit Geheimrat Carl Bosch entwickelte Verfahren der Ammoniakgewinnung durch katalytische Vereinigung von Wasserstoff und atmosphärischem Stickstoff, welches die Herstellung künstlicher Düngemittel ermöglichte, erhielt er vielmehr 1920 den Nobelpreis für Chemie. Haber und die ihm zugewiesenen Spezialkräfte trifft gewiß nicht die alleinige Schuld am chemischen Krieg. Durch ein verbrecherisches Gesellschaftssystem und jene reaktionären Kräfte, die aus der Herstellung von Giftgasen Profit zogen, wurden die Widersprüchlichkeiten in der Arbeit eines Chemikers wie Fritz Haber schamlos ausgenutzt. Für die Wissenschaftler hätte bereits nach dem ersten Weltkrieg Veranlassung bestanden, über ihre gesellschaftliche Verantwortung nachzudenken. Noch versuchten jedoch die meisten Forscher, unter ihnen auch Otto Hahn und Lise Meitner, politischen Angelegenheiten auszuweichen.
Im letzten Kriegsjahr konnte Otto Hahn während gelegentlicher Aufenthalte in Berlin die radiochemischen Arbeiten fortsetzen. Auch Lise Meitner war 1917 an das Kaiser-Wilhelm-Institut für

Chemie zurückgekehrt. Gemeinsam wurde die schon vor dem Krieg begonnene Suche nach der Muttersubstanz des Actiniums erfolgreich beendet. Die neuentdeckte Substanz erwies sich als das bisher nicht bekannte radioaktive Element mit der Ordnungszahl $Z = 91$ im Periodensystem. Es erhielt auf Vorschlag Lise Meitners den Namen Protactinium. Mit dieser Entdeckung wurde für längere Zeit die unmittelbare Zusammenarbeit der beiden Wissenschaftler unterbrochen.

Aus der anfänglich kleinen Abteilung für Radioaktivität hatten sich allmählich zwei selbständige Abteilungen entwickelt, die radiochemische Abteilung Hahn und die radiophysikalische Abteilung Meitner. Diese beiden Abteilungen breiteten sich schließlich auf das ganze Institut aus.

Otto Hahns Interesse konzentrierte sich zunächst auf die am Anfang der Uraniumreihe stehenden Nuklide. Insbesondere versuchte er zu klären, wie sich das neuentdeckte Protactinium in diese Umwandlungsreihe einordnet. In diffizilen Untersuchungen fand er dabei ein weiteres Protactiniumnuklid, das er Uran Z nannte. Überraschenderweise entstand dieses Nuklid ebenso wie das kurzlebige Protactiniumnuklid UX_2 durch Betaumwandlung aus dem UX_1($^{234}_{90}Th$). UZ($^{234}_{91}Pa$) und UX_2($^{234}_{91}Pa^{m}$) wiesen unterschiedliche Halbwertzeiten auf, besaßen aber die gleiche Ordnungs- und die gleiche Massenzahl. Damit war 1921 der Beweis erbracht, daß sich Atomarten gleicher Zusammensetzung durchaus in ihren radioaktiven Eigenschaften, d. h. in ihrer Lebensdauer und in ihrem Energieinhalt, unterscheiden können. In Analogie zur Chemie sprach man von Kernisomerie. Erst zwei Jahrzehnte später erlangte dieses Phänomen durch die Entdeckung zahlreicher künstlich radioaktiver Isomerenpaare große Bedeutung in der Kernforschung.

Otto Hahn hat diese Arbeit oft als seinen bedeutendsten wissenschaftlichen Beitrag bezeichnet. Die Entdeckungsgeschichte der Kernisomerie ist ein schönes Beispiel dafür, daß große Fortschritte oft ganz unerwartet gemacht werden, noch lange bevor die Zeit dafür reif ist. Der Kernphysiker Arnold Flammersfeld, ein Schüler von Lise Meitner, hat an Otto Hahn einmal die Frage gerichtet,

> ob er bei seinen vielen berühmten Entdeckungen eigentlich immer das gesucht, was er gefunden, und immer gefunden, was er gesucht habe.

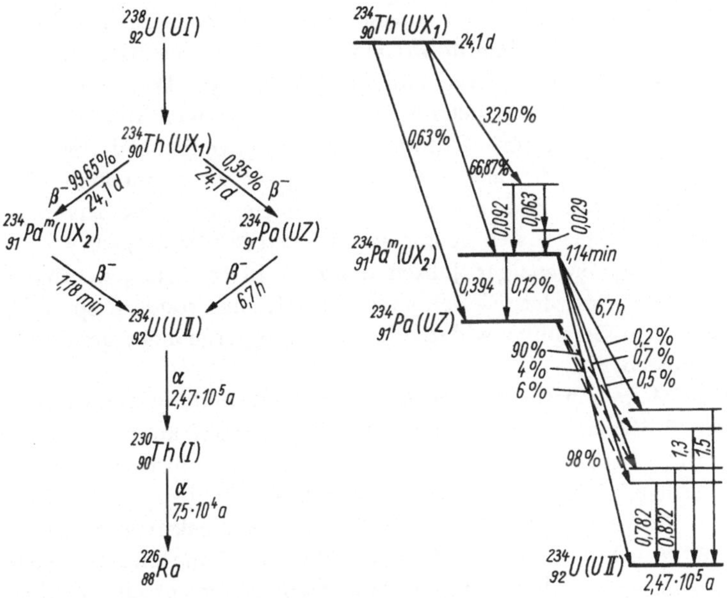

5 Kernisomerenpaar $^{234}_{91}Pa^{m}(UX_2)/^{234}_{91}Pa(UZ)$ (nach [43])
links: Darstellung Otto Hahns
rechts: moderne Darstellung (vereinfacht)

Hahns Antwort lautete:

Nein, wenn ich recht überlege, habe ich eigentlich meist etwas anderes gefunden, als ich suchte, und mein Rat an jeden Forscher, der auf etwas Unvermutetes stößt, ist: versuchen Sie es zu reproduzieren. [9, S. 75]

In den folgenden Jahren bis etwa 1934 wandte sich Otto Hahn vor allem Problemen der angewandten Radiochemie zu. Neben radiochemischen Untersuchungen an Mischkristallen begründete er, unterstützt durch eine wachsende Anzahl von Mitarbeitern, ein Verfahren zum Studium von Struktur- und Oberflächenänderungen fester Körper mit Hilfe der verschiedenen Isotope des radioaktiven Edelgases Radon (Emanation). Die Hahnsche Emaniermethode fand in der Festkörperforschung insbesondere zur Aufklärung des thermischen Verhaltens fester Stoffe vielseitige Anwendung.
Schließlich führten geochemisch orientierte Untersuchungen zur

Entdeckung einer neuen Altersbestimmungsmethode. Die Betaumwandlung des häufig in geologischem Probenmaterial vorkommenden radioaktiven Nuklids $^{87}_{37}Rb$ in $^{87}_{38}Sr$ konnte zur Ermittlung des Alters vieler Gesteine herangezogen werden. Die Rubidium-Strontium-Methode erwies sich weitgehend frei von Fehlerquellen, die anderen Datierungsverfahren anhaften. Sie erlangte große Bedeutung und ermöglicht heute die zuverlässigsten und genausten geologischen Altersbestimmungen.

Die in den zwanziger Jahren durchgeführten Arbeiten zeugen nicht nur von der Vielseitigkeit Otto Hahns, sondern spiegeln auch sein Bemühen wider, die Forschungsergebnisse praktisch zu nutzen.

Lise Meitner hatte 1919 endlich vom Volksbildungsministerium den Professorentitel erhalten. Drei Jahre später konnte sie sich auch in Berlin als erste Physikerin an einer preußischen Universität habilitieren. Die Habilitationsschrift mit dem Titel „Über die Entstehung der Betastrahl-Spektren radioaktiver Substanzen" wurde von den Professoren Max von Laue und Heinrich Rubens begutachtet. In der Antrittsvorlesung sprach sie über „Die Bedeutung der Radioaktivität für kosmische Prozesse". Otto Hahn berichtete, das Thema sei dem Redakteur einer Berliner Tageszeitung offenbar so „unweiblich" erschienen, daß er die folgende Notiz veröffentlichte:

Der Vortrag von Dr. L. Meitner behandelte Probleme der *kosmetischen* Physik. [25, S. 426]

Auch Lise Meitner konnte in der von ihr geleiteten Abteilung allmählich eine Reihe junger Mitarbeiter um sich scharen. Von unermüdlichem Arbeitseifer erfüllt, widmete sie sich der physikalischen Aufklärung der radioaktiven Umwandlungsprozesse. Noch immer war die Natur der β-Strahlung völlig ungeklärt. Die von radioaktiven Substanzen emittierten Elektronen konnten sowohl aus dem Atomkern als auch aus der Atomhülle stammen. Im ersten Fall wurde von primären β-Teilchen, im zweiten Fall von sekundären β-Teilchen gesprochen. Insbesondere erwies sich die Interpretation der β-Energiespektren als außerordentlich kompliziert. Schon früher war Lise Meitner in Gemeinschaft mit Otto Hahn und Otto von Baeyer der Nachweis einer Reihe diskreter Energielinien mit einem einfachen Magnetspektrometer gelungen. Inzwischen hatte jedoch James Chadwick, der spätere Entdecker des Neutrons, noch ein kontinuierliches β-Energiespektrum gefunden. Es galt die schwierige Frage zu beantworten, ob die primäre β-Strahlung prinzipiell ein Energiekontinuum aufweist oder ob dieses erst infolge sekundärer Wechselwirkungsprozesse der vom Kern ausgesandten Elektronen in der Atomhülle entsteht. Zwischen dem Engländer C. D. Ellis, der die erste Auffassung vertrat, und Lise Meitner, die von der Existenz diskreter Energieniveaus im Atomkern und damit vom sekundären Ursprung des kontinuierlichen β-Energiespektrums überzeugt war, entspann sich 1922 ein fruchtbarer wissenschaftlicher Dialog. Die Ansicht von Ellis erwies sich als richtig. Lise Meitners Vorstellung, daß im Atomkern diskrete Energieniveaus existieren, bestätigte sich ebenfalls. Die diskreten Linien im β-Energiespektrum ließen sich jedoch nicht, wie ursprünglich von ihr angenommen, den primär aus dem Kern emittierten Elektronen zuordnen. Sie konnte später vielmehr zeigen, daß sie durch den Effekt der sogenannten inneren Konversion entstehen. Dabei übertragen angeregte Atomkerne ihre gesamte Anregungsenergie strahlungslos auf Hüllenelektronen, die mit einheitlicher Energie anstelle von γ-Quanten ausgesandt werden.

Die unabhängig voneinander von C. D. Ellis sowie Lise Meitner und ihrem Mitarbeiter Walter Orthmann durchgeführten sehr präzisen Messungen von β-Umwandlungsenergien versetzten schließlich den hervorragenden Theoretiker Wolfgang Pauli in die Lage, 1930 seine berühmte Neutrino-Hypothese zu formulieren. Durch die Forderung, daß gleichzeitig mit jedem β-Teilchen vom Kern ein ungeladenes Neutrino ausgesandt wird, das den Fehlbetrag von Energie und Impuls fortträgt, fanden die kontinuierlichen β-Spektren eine plausible Erklärung. Die von Niels Bohr geäußerte Befürchtung einer Verletzung des Energie- und Impulserhaltungssatzes bei der β-Umwandlung erwies sich als unbegründet. Der direkte experimentelle Neutrinonachweis gelang allerdings erst sehr viel später, im Jahre 1953, den beiden Amerikanern F. Reines und C. L. Cowan. Die Geschichte der Aufklärung von β-Spektren bezeugt, daß im wissenschaftlichen Meinungsstreit, trotz mancher Irrtümer, von Lise Meitner entscheidende Impulse zur Lösung eines der fundamentalsten Probleme der Kernphysik in der ersten Hälfte dieses Jahrhunderts ausgingen.

Gemeinsam mit H. Hupfeld wandte sie sich dann einer genaueren Untersuchung der Wechselwirkung von γ-Strahlung mit Materie zu. Präzissionsmessungen an schweren Elementen führten zu der Erkenntnis, daß für die Deutung der Schwächung energiereicher γ-Strahlung Photo- und Comptoneffekt allein nicht ausreichen. Anscheinend war noch ein weiterer Elementarprozeß für die Absorption von γ-Quanten verantwortlich zu machen. Mit der Entdeckung des Paarbildungseffektes im Jahre 1933 durch P. S. M. Blackett und G. P. S. Occhialini bestätigte sich diese Vermutung vollauf.

Lise Meitner führte schließlich die seit ihrer Erfindung im Jahre 1911 nur wenig verwendete Wilsonsche Nebelkammer mit zahlreichen Verbesserungen zur Sichtbarmachung von Teilchenspuren im Kaiser-Wilhelm-Institut für Chemie ein. Zahlreiche Untersuchungen über die sogenannten weitreichenden α-Teilchen und den β-Rückstoß wurden von ihr angeregt. Nach der Entdeckung des Positrons in der kosmischen Strahlung durch

6 Teilnehmer am Radiumkongreß in Freiberg (Mai 1921). Die Aufnahme entstand während einer Exkursion der Tagungsteilnehmer in Oberschlema. Von links nach rechts, unten: Geiger, Hahn, Meitner, Marckwald, Tuma; oben: Mittenzwey, Henrich, Ludewig, Borchers

C. D. Anderson glückten ihr 1933 gemeinsam mit K. Philipp die ersten Spuraufnahmen dieses Teilchens bei radioaktiven Vorgängen.

Die hervorragenden wissenschaftlichen Leistungen Lise Meitners fanden nun auch ihre gebührende Anerkennung. Auf Vorschlag von Max Planck, Max von Laue und Albert Einstein verlieh ihr die Preußische Akademie der Wissenschaften 1924 die Silberne Leibniz-Medaille. Das Dankschreiben an die Akademie enthält die für ihre Persönlichkeit so bezeichnenden Worte:

Ich bin mir voll bewußt, wie groß diese Auszeichnung ist, und ich empfange sie mit dankbarer Freude als Ausdruck des Vertrauens und der Aufmunterung, die beide zu rechtfertigen ich stark bemüht sein werde. [33, S. 13]

1926 wurden Lise Meitner, Otto Hahn und Max von Laue zu Mitgliedern der Deutschen Akademie der Naturforscher Leopoldina in Halle gewählt.

Im gleichen Jahr ernannte die Berliner Universität Lise Meitner zum nichtbeamteten außerordentlichen Professor für Physik. Im Gegensatz zu Otto Hahn, der nie eine regelmäßige Lehrtätigkeit ausgeübt hat, hielt sie bis zum Entzug der Lehrbefugnis durch die Nazibehörden im Jahre 1933 kleinere Spezialvorlesungen über ausgewählte Fragen der Radioaktivität und Kernphysik. Außerdem betreute sie gemeinsam mit dem Oberassistenten Max von Laues, Leo Szilard, die Seminare zur Kernphysik.

Unter dem Direktorat Otto Hahns wurden seit 1931 im Institut nur noch Forschungsvorhaben zur Radioaktivität und Kernphysik betrieben. Aus dem chemischen Institut war eine weltbekannte Arbeitsstätte der Atomkernforschung geworden. Nicht zuletzt sind die in den zwanziger und dreißiger Jahren von Otto Hahn, Lise Meitner und zahlreichen Doktoranden erzielten wissenschaftlichen Spitzenleistungen beredter Ausdruck einer besonderen Arbeitsatmosphäre, die in diesem Institut herrschte. In ihren „Erinnerungen an das Kaiser-Wilhelm-Institut für Chemie in Berlin-Dahlem" schilderte Lise Meitner diese mit den Worten:

Die Anzahl der 1932 in unseren beiden Abteilungen wissenschaftlich Arbeitenden betrug fünfundzwanzig, worunter mehrere Ausländer aus den verschiedensten Ländern waren. In dieser Arbeitsgemeinschaft herrschte ein guter Geist und eine fröhliche Stimmung, ein Widerschein von Hahns Persönlichkeit. Das wirkte sich nicht nur sehr günstig in der Arbeit aus, sondern kam auch immer wieder bei den Weihnachts- oder Geburtstagsfeiern, bei Sommerausflügen und ähnlichen Gelegenheiten zum Ausdruck. ... Es war ein starkes Gefühl der Zusammengehörigkeit vorhanden, dessen Grundlage gegenseitiges Vertrauen war. [41, S. 98]

Flucht aus Hitlerdeutschland

Große experimentelle Entdeckungen bewirkten Anfang der dreißiger Jahre jenen gewaltigen Aufschwung der Kernphysik, der auch Lise Meitner und Otto Hahn wieder zu gemeinsamer Arbeit zusammenführte. Die Forschung drang immer tiefer in unbekanntes Neuland vor.

Schon 1919 war dem Begründer der Kernphysik Ernest Rutherford eine umwälzende Entdeckung geglückt. Beim Beschuß von Stickstoff mit energiereichen α-Teilchen hatten sich einzelne Sauerstoff- und Wasserstoffkerne gebildet. Dieser Kernprozeß konnte offenbar durch die Gleichung

$${}^{14}_{7}N + {}^{4}_{2}He \rightarrow {}^{17}_{8}O + {}^{1}_{1}H$$

(Kurzform: ${}^{14}_{7}N\ (\alpha, p){}^{17}_{8}O$)

beschrieben werden. Die Ausbeute der Reaktion blieb jedoch verschwindend klein. Im Prinzip war damit der alte Traum der Alchimisten von der künstlichen Umwandlung der chemischen Elemente in Erfüllung gegangen. Rutherfords Versuch leitete eine neue Phase der Atomkernforschung ein. In verschiedenen Laboratorien begannen systematische Untersuchungen, um auch an anderen leichten Elementen künstliche Atomumwandlungen nachzuweisen. Die Konstruktion der ersten Teilchenbeschleuniger durch J. D. Cockroft, E. T. F. Walton, R. J. van de Graaff und E. O. Lawrence ermöglichte es, auch künstlich beschleunigte Teilchen zur Auslösung von Kernreaktionen zu verwenden, so daß man nicht mehr ausschließlich auf die von natürlichen radioaktiven Substanzen emittierten α-Teilchen geringer Intensität angewiesen war.

Im Jahre 1932 gelang Rutherfords Schüler James Chadwick eine weitere sensationelle Entdeckung. Beim Aufprall von α-

Teilchen auf Berylliumkerne entstanden nach der Gleichung

$$^{9}_{4}\mathrm{Be} + ^{4}_{2}\mathrm{H} \rightarrow ^{12}_{6}\mathrm{C} + ^{1}_{0}\mathrm{n}$$

ungeladene Teilchen, die etwa die gleiche Masse wie Wasserstoffkerne hatten. Die schon lange von Rutherford vermuteten Neutronen waren gefunden. Diese ladungslosen Elementarteilchen erwiesen sich in der Folgezeit als außerordentlich wichtige Hilfsmittel für weitere Kernuntersuchungen. Rasch gelang es den Theoretikern, sich eine Vorstellung vom inneren Bau des Atomkerns zu machen. Noch im Jahre 1932 begründeten Werner Heisenberg, Dmitri Iwanenko und Igor Tamm unabhängig voneinander die Theorie des aus Protonen und Neutronen zusammengesetzten Atomkerns.

Bedeutsame Fortschritte brachte das Jahr 1934. Irène Curie, die älteste Tochter von Marie und Pierre Curie, und ihr Ehemann Frédéric Joliot gelangten bei der systematischen Untersuchung verschiedener Kernreaktionen zu einem fundamentalen Ergebnis. Beim Beschießen von Aluminium, Magnesium und Bor mit α-Teilchen hatten sich auf künstlichem Wege erstmals radioaktive Atomarten gebildet. Die neuen Substanzen sandten Positronenstrahlung aus. Das war bei den in der Natur vorkommenden radioaktiven Stoffen nie beobachtet worden. Die Entdeckung der künstlichen Radioaktivität offenbarte die prinzipielle Möglichkeit, durch geeignete Kernreaktionen von jedem chemischen Element radioaktive Atomarten herzustellen.

Für den Fortgang der Untersuchung künstlicher Kernreaktionen erlangte nun eine Erkenntnis des italienischen Physikers Enrico Fermi die größte Bedeutung. Als Leiter einer starken Arbeitsgruppe in Rom hatte er gefunden, daß sich langsame Neutronen hervorragend zur Einleitung von Kernreaktionen eigneten. Infolge der fehlenden Ladung vermochten diese Teilchen offensichtlich viel leichter als positive Geschoßpartikel in die geladenen Atomkerne einzudringen. Mit den Neutronen aus einer einfachen Radon-Beryllium-Quelle bestrahlten er und seine Mitarbeiter, unter ihnen so bekannte Physiker wie der spätere Entdecker des Antiprotons und Nobelpreisträger Emilio Segrè, systematisch alle verfügbaren Elemente des Periodensystems von Wasserstoff bis hin zum Uranium. Dabei gelang die Erzeugung von nahezu einhundert künstlichen Radionukliden. Diese wandelten sich vorwiegend unter Abgabe von β^--Teilchen jeweils in Nuklide mit einer um eine Einheit höheren Ordnungszahl um. Die Bestrahlung des Uraniums führte sogar zu einer ganzen Reihe von Betastrahlern mit Halbwertzeiten von 10 Sekunden, 40 Sekunden, 13 Minuten und 90 Minuten. Fermi war davon überzeugt, Nuklide von den in der Natur nicht vorkommenden Transuraniumelementen 93, 94 und vielleicht sogar 95 gefunden zu haben. Diese Interpretation der Ergebnisse stieß verschiedentlich auf Kritik. Ohne durch eigene Versuche zur Klärung des wahren Sachverhaltes beigetragen zu haben, äußerte die Chemikerin Ida Noddack, die gemeinsam mit ihrem Mann Walter Noddack das Element Rhenium entdeckt hatte, in einer Veröffentlichung die Vermutung:

Es wäre denkbar, daß bei der Beschießung schwerer Kerne mit Neutronen diese Kerne in mehrere größere Bruchstücke zerfallen, die zwar Isotope bekannter Elemente, aber nicht Nachbarn der bestrahlten Elemente sind. [18, S. 173]

Diese Worte verhallten ungehört. Eine solche Kernreaktion paßte nicht in das Denkschema der Physiker. Auch Otto Hahns ehemaliger Mitarbeiter Aristide von Grosse bezweifelte die Richtigkeit von Fermis Auffassung. Er hielt die Bildung von Protactiniumisotopen für wahrscheinlicher. In diesem Stadium entschlossen sich die besten Kenner des Protactiniums, Otto Hahn und Lise Meitner, zur Klärung der kontroversen Ansichten, Fermis Experimente zu wiederholen. Lise Meitner kommentierte Jahrzehnte danach in ihrem Aufsatz „Wege und Irrwege zur Kernenergie" die erneute Aufnahme gemeinsamer Untersuchungen mit den Worten:

Ich fand diese Versuche so faszinierend, daß ich sofort nach deren Erscheinen im Nuovo Cimento und in der Nature Otto Hahn überredete, unsere seit mehreren Jahren unterbrochene direkte Zusammenarbeit wieder aufzunehmen, um uns diesen Problemen zu widmen. So begannen wir 1934 nach mehr als zwölf Jahren wieder eine gemeinsame Arbeit, zu der nach einiger Zeit als besonders wertvoller Mitarbeiter Fritz Straßmann hinzukam. [40, S. 167]

Mit Unterstützung Straßmanns, der 1929 als analytischer Chemiker von der Technischen Hochschule Hannover an das Kaiser-Wilhelm-Institut für Chemie gekommen war, konnte rasch der zweifelsfreie Nachweis erbracht werden, daß die Neutronenbestrahlung von Uranium nicht zum Protactinium führte. Fermis Hypothese über die Bildung von Transuraniumelementen schien sich zu bestätigen.

7 Fritz Straßmann (um 1938)

Inzwischen hatte sich in der Politik eine unheilvolle Entwicklung vollzogen. Nach Jahren der wirtschaftlichen Zerrüttung riß in einer von Rechtsextremisten und Antisemiten angeheizten Atmosphäre Adolf Hitler am 30. Januar 1933 die Macht an sich. Die faschistische Diktatur wurde in Deutschland errichtet. Auf die Provokation des Reichstagsbrandes folgte die brutale Unterdrückung aller fortschrittlichen Kräfte. Auch die Forscher im „stillen Tempel der Wissenschaft" sollten verspüren, was Naziherrschaft bedeutete. Schon seit Anfang der zwanziger Jahre waren profilierte Wissenschaftler jüdischer Abstammung gehässigen Angriffen ausgesetzt. Albert Einstein wurde bedroht und die Relativitätstheorie als „jüdisches Machwerk" verunglimpft. Nach der nationalsozialistischen Machtergreifung begann die systematische Zerstörung der Wissenschaft. Man schreckte nicht vor dem absurden Versuch zurück, die Geschichte der Naturwissenschaft „arisch-rassisch“ zu verfälschen. Die beiden Nobelpreisträger Philipp Lenard und Johannes Stark, verbohrte Parteigänger Hitlers, spielten sich als Wortführer einer sogenannten „Deutschen Physik“ auf. Sie fanden sogar Gesinnungsgenossen.

Die moderne Physik, so erklärte Professor Rudolf Tomaschek, Direktor des Physikalischen Instituts der Technischen Hochschule Dresden, sei für das Judentum ein Werkzeug zur Zerstörung der nordischen Wissenschaft. Die wahre Physik sei eine Schöpfung deutschen Geistes ... ja die gesamte europäische Wissenschaft die Frucht arischen oder besser deutschen Denkens. [8, S. 378]

Es blieb nicht bei Worten. Das am 7. April 1933 verkündete „Gesetz zur Wiederherstellung des Berufsbeamtentums“ ermächtigte die braunen Machthaber, rücksichtslos alle politisch unbequemen und „nichtarischen“ Beamten zu entlassen oder in den Ruhestand zu versetzen.
Innerhalb eines einzigen Monats verloren daraufhin 164 Professoren ihre Lehrämter. Eine Welle von Verfolgungen und von Willkürakten überflutete Deutschland. Bis Anfang 1935 war die Zahl der entlassenen Hochschullehrer auf über elfhundert angewachsen. Allein 150 Physiker, unter ihnen Albert Einstein und weitere vier Nobelpreisträger der Physik, wurden in die Emigration getrieben.
Otto Hahn befand sich im Frühjahr 1933 in den USA. Die Cornell University in Ithaca, New York, hatte ihn zu einem mehrmonatigen Vortragszyklus über sein Arbeitsgebiet, die Radiochemie eingeladen. Die Vorlesungstätigkeit verlief so erfolgreich, daß Einladungen anderer amerikanischer Universitäten folgten. Durch Pressemeldungen und Berichte seines nach Amerika übergesiedelten Freundes, Professor Rudolf Ladenburg, wurde er über die schicksalhaften Geschehnisse in der Heimat unterrichtet. In seinen Erinnerungen schrieb Hahn später:

Von Ladenburgs erfuhr ich die ersten Nachrichten über das neue Regime, und was ich über Juden und Kommunisten hörte, war sehr beunruhigend ... Besonders großes Aufsehen in der ganzen Welt erregte die Entlassung Albert Einsteins aus der Preußischen Akademie. [2, S. 143]

Als sich im Sommer Berichte über die diskriminierende Behandlung jüdischer Mitarbeiter der Kaiser-Wilhelm-Institute häuften, entschloß sich Otto Hahn, die Vortragsreise abzubrechen und vorzeitig nach Berlin zurückzukehren. Besonders am benachbarten Institut für Physikalische Chemie und Elektrochemie, das von Geheimrat Fritz Haber geleitet wurde, war es zu Übergriffen der Nazipartei und zahlreichen Entlassungen gekommen. Professor Haber, selbst Jude, genoß zwar als Kriegsteilnehmer vorübergehend noch einen gewissen Schutz, beantragte aber nach den beschämenden Ereignissen seine eigene Entlassung. Auf einer Reise von England in die Schweiz verstarb er im Januar 1934 als innerlich gebrochener Mann.

Max Planck, der amtierende Präsident der Kaiser-Wilhelm-Gesellschaft, bereitete zum einjährigen Todestag Habers eine Gedächtnisfeier vor. Allen Angehörigen der Universitäten, Kaiser-Wilhelm-Institute und wissenschaftlichen Gesellschaften wurde jedoch von den nationalsozialistischen Behörden die Teilnahme untersagt. Die Feier fand trotzdem statt. Otto Hahn berichtete Jahrzehnte danach:

> In dieser grotesken Situation holte mich Planck am Vormittag des 29. Januar in meinem Institut ab. Wir wußten nicht, ob wir nicht gewaltsam am Betreten des Harnack-Hauses gehindert würden. Aber nichts geschah. Der schöne große Saal war voll besetzt ... Auf den hinteren Bänken saßen einige Mitglieder meines Instituts: Lise Meitner, Fritz Straßmann, Max Delbrück. Der Verlauf der Feier war würdig und eindrucksvoll. Leider konnte Professor Bonhoeffer seinen Vortrag nicht selbst halten. Er hätte seine Stelle als Leipziger Hochschullehrer verloren. Auf seine Bitte las ich seinen Vortrag vor. Ich selbst war, da ich 1934 aus der Fakultät ausgetreten war, nicht gefährdet. ... Diese Erinnerung an Haber zeigt, daß man in den ersten Jahren des Hitlerregimes noch einen wenn auch kleinen Widerstand leisten konnte, was später nicht mehr möglich war. [1, S. 92]

Lise Meitner war nach dem Entzug der Lehrbefugnis als österreichische Staatsbürgerin vorerst nicht unmittelbar von den antisemitischen Gesetzen betroffen. Obwohl zunehmenden Anfeindungen ausgesetzt, konnte sie sich noch dem Fortgang ihrer wissenschaftlichen Arbeiten widmen. Im September 1934 reiste sie mit Otto Hahn in die Sowjetunion, um am großen Internationalen Mendelejew-Kongreß teilzunehmen. In Moskau und Leningrad trugen beide über ihre gemeinsamen Forschungsergebnisse vor. Sie trafen mit dem führenden sowjetischen Radiochemiker Professor Witali G. Chlopin, Direktor des Leningrader Radiuminstituts, und dem bekannten Geochemiker Professor Wladimir I. Wernadski zusammen. Zwischen den Wissenschaftlern ent-

wickelte sich ein reger Erfahrungsaustausch. Hahn bemerkte: „Wir kamen uns auch menschlich näher.“ [2, S. 147]
Um die Jüdin Lise Meitner vor den immer bedrohlicheren Ausschreitungen der Nationalsozialisten zu schützen, kam Max von Laue 1936 der Gedanke, sie für den Nobelpreis vorzuschlagen. Er teilte seine Idee Max Planck mit. Planck, zutiefst von den großartigen Leistungen der Forscherin auf dem Gebiet der Kernphysik überzeugt, antwortete:

Der Plan, Frl. Meitner für einen Nobelpreis vorzuschlagen, ist mir sehr sympatisch. Ich habe ihn schon im vorigen Jahr ausgeführt, insofern ich für den Chemiepreis 1936 die Teilung zwischen Hahn und Meitner vorschlug. Aber ich bin von vornherein mit jedem Modus des Vorschlages einverstanden, den Sie in dieser Richtung mit Herrn Heisenberg verabreden. [14, S. 90]

Zu einer Preisverleihung kam es leider nicht. Die Nazis untersagten schließlich Deutschen generell die Annahme des Preises.
Anfang März 1938 marschierten die faschistischen Truppen in Wien ein. Durch die Annexion Österreichs war Lise Meitner automatisch deutsche Staatsbürgerin geworden. Sie unterlag damit voll den nationalsozialistischen Rassengesetzen. Um die drohende Gefahr der Deportation in ein Konzentrationslager abzuwenden, war schnelles Handeln erforderlich. Geheimrat Carl Bosch, als Nachfolger Plancks neuer Präsident der Kaiser-Wilhelm-Gesellschaft, entschloß sich zu einem letzten legalen Schritt. Sein Schreiben an den Reichsminister des Inneren mit der Bitte, Lise Meitner die Ausreise in ein neutrales Land zu gestatten, wurde jedoch abgelehnt. In der Begründung hieß es:

... daß politische Bedenken gegen die Ausstellung eines Ausländerpasses für Frau Dr. Meitner bestehen. Es wird für unerwünscht gehalten, daß namhafte Juden in das Ausland reisen, um dort als Vertreter der deutschen Wissenschaft oder gar mit ihrem Namen und ihrer Erfahrung entsprechend ihrer inneren Einstellung gegen Deutschland zu wirken. [6, S. 42]

Lise Meitner konnte nun nicht länger in Deutschland bleiben. Der mit ihr befreundete Herausgeber der Zeitschrift „Die Naturwissenschaften“ Paul Rosbaud und Otto Hahn bereiteten die illegale Ausreise vor. Durch Vermittlung des holländischen Nobelpreisträgers Peter Debye, der damals noch das Kaiser-Wilhelm-Institut für Physik leitete, konnte Professor Dirk Coster aus Groningen zur Unterstützung des Unternehmens gewonnen werden. Er erwirkte bei den holländischen Grenzbehörden die Zusicherung, Lise Meitner ohne gültigen Paß und ohne Visum einreisen zu lassen. Coster kam persönlich nach Berlin, um Lise Meitner auf der Fahrt zu begleiten. Die gefürchtete Kontrolle des Zuges durch die SS konnte verhindert werden. Die Flucht nach Holland gelang. Lise Meitner war in Sicherheit. In einem verschlüsselten Telegramm wurde Otto Hahn die glückliche Ankunft in Groningen mitgeteilt. Er antwortete am 15. Juli 1938:

Liebe Costerfamilie,
Zunächst möchte ich Ihnen meine herzlichsten Glückwünsche aussprechen für die Ankunft des jüngsten Familienmitgliedes. Ich habe mich über die Nachricht natürlich sehr gefreut, denn die letzte Zeit waren wir doch schon etwas besorgt. Wie soll das Töchterchen denn heißen? Von hier ist nicht viel Neues zu melden. Im Labor geht alles seinen gewohnten Gang, und morgen gibts Ferien. Gott sei Dank ... [30, S. 241]

Über Kopenhagen reiste Lise Meitner nach Stockholm. Durch Vermittlung von Niels Bohr, der vielen Flüchtlingen aus Deutschland großzügige Unterstützung gewährte, fand sie bei dem Physik-Nobelpreisträger des Jahres 1924, Professor Manne Siegbahn, im neuerbauten Nobel-Institut für Physik Aufnahme. Schwere Jahre standen ihr bevor. Arbeitsbedingungen, Wohnverhältnisse und Entlohnung entsprachen nicht im entferntesten den bescheidenen Erwartungen. Im Institut gab es keine Geräte zur Fortführung der Experimente, und jahrelang mußte sie sich mit dem Anfangsgehalt eines Assistenten begnügen. Der Briefwechsel mit Otto Hahn aus jener für die Kernforschung so entscheidenden Zeit spiegelt die Tragik ihres Forscherlebens wider.

Die Entdeckung der Kernspaltung

Die „falschen" Transurane

Nach vierjähriger intensiver Arbeit glaubten Otto Hahn, Lise Meitner und Fritz Straßmann genügend Beweise für das Vorhandensein von Transuraniumelementen gefunden zu haben. Die neu hinzugekommenen Ergebnisse schienen die Richtigkeit der Fermischen Theorie durchaus zu bestätigen. Im Sommer 1938 faßten sie die Resultate ihrer Untersuchungen in drei isomeren Reihen zusammen:

$$1.\ {}_{92}\mathrm{U} + \mathrm{n} \rightarrow {}_{92}(\mathrm{U}+\mathrm{n}) \xrightarrow[10\ \mathrm{s}]{\beta^-} {}_{93}\text{Eka-Re} \xrightarrow[2{,}2\ \mathrm{min}]{\beta^-} {}_{94}\text{Eka-Os} \xrightarrow[59\ \mathrm{min}]{\beta^-}$$

$${}_{95}\text{Eka-Ir} \xrightarrow[66\ \mathrm{h}]{\beta^-} {}_{96}\text{Eka-Pt} \xrightarrow[2{,}5\ \mathrm{h}]{\beta^-} {}_{97}\text{Eka-Au}\ ?$$

$$2.\ {}_{92}\mathrm{U} + \mathrm{n} \rightarrow {}_{92}(\mathrm{U}+\mathrm{n}) \xrightarrow[40\ \mathrm{s}]{\beta^-} {}_{93}\text{Eka-Re} \xrightarrow[16\ \mathrm{min}]{\beta^-}$$

$${}_{94}\text{Eka-Os} \xrightarrow[5{,}7\ \mathrm{h}]{\beta^-} {}_{95}\text{Eka-Ir}\ ?$$

$$3.\ {}_{92}\mathrm{U} + \mathrm{n} \rightarrow {}_{92}(\mathrm{U}+\mathrm{n}) \xrightarrow[23\ \mathrm{min}]{\beta^-} {}_{93}\text{Eka-Re}\ ?$$

Entsprechend der chemischen Ähnlichkeit mit niedrigeren Homologen wurden die darin vermeintlich enthaltenen Transuraniumelemente vorerst als Eka-Rhenium, Eka-Osmium, Eka-Iridium, Eka-Platin und Eka-Gold bezeichnet. Zur Anregung der Prozesse der Reihen 1 und 2 erwiesen sich schnelle und thermische Neutronen gleichermaßen gut geeignet. Der Prozeß der Reihe 3 erforderte dagegen verlangsamte Neutronen einer ganz bestimmten Energie. Erst später sollte sich herausstellen, daß einzig und allein dieser typische Resonanzprozeß über die Zwischenstufe ${}^{239}_{92}\mathrm{U}$ zu einem „echten" Transuraniumelement führte. Der zweifelsfreie Nachweis des Elementes 93 glückte im Jahre 1940 den beiden Amerikanern E. McMillan und Ph. H. Abelson. Es erhielt den

Namen Neptunium. Alle in den Reihen 1 und 2 enthaltenen „falschen" Transuraniumelemente wurden später als Spaltprodukte des Uraniums identifiziert.
Die Aufstellung der drei Transuraniumreihen war nicht ohne ernste Bedenken erfolgt. Beunruhigende Fragen hatten sich den

1a	2a	3a	4a	5a	6a	7a	8a			1b	2b	3b	4b
Li 3	Be 4												
Na 11	Mg 12	Al 13											
K 19	Ca 20	Sc 21	Ti 22	V 23	Cr 24	Mn 25	Fe 26	Co 27	Ni 28	Cu 29	Zn 30	Ga 31	Ge 32
Rb 37	Sr 38	Y 39	Zr 40	Nb 41	Mo 42	Tc 43	Ru 44	Rh 45	Pd 46	Ag 47	Cd 48	In 49	Sn 50
Cs 55	Ba 56	La 57	Hf 72	Ta 73	W 74	Re 75	Os 76	Ir 77	Pt 78	Au 79	Hg 80	Tl 81	Pb 82
	Ra 88	Ac 89	Th 90	Pa 91	U 92	ERe 93	EOs 94	EIr 95	EPt 96	EAu 97			

8 Periodensystem der Elemente nach dem Wissensstand der dreißiger Jahre (Ausschnitt)

Forschern der Berliner Arbeitsgruppe aufgedrängt. Kam es wirklich zur Bildung von je drei Isomeren des Uraniums und Eka-Rheniums? Führte die Anlagerung eines Neutrons tatsächlich zu einer so großen Instabilität des Uraniums, daß lange Ketten aufeinanderfolgender Betaprozesse entstanden? Vorerst war man gezwungen, sich mit diesen Ergebnissen abzufinden. Eine befriedigende physikalische Interpretation der seltsamen Kernprozesse gab es nicht. Das sollte sich aber bald in unvorhergesehener Weise ändern. Den Fortgang der komplizierten Untersuchungen konnte Lise Meitner jedoch nur noch aus der Ferne verfolgen. Durch ihre Emigration waren die beiden Chemiker Otto Hahn und Fritz Straßmann auf sich allein angewiesen. Straßmann, ein überzeugter Gegner des nationalsozialistischen Regimes, hatte ebenso wie Hahn den Beitritt zur Nazipartei kategorisch abgelehnt. Für die zuständigen Behörden war das Grund genug, ihm sowohl eine Anstellung in der Chemischen Industrie als auch die Habilitation zu verwehren. Dem persönlichen Einsatz Otto Hahns

verdankte er schließlich eine bescheidene Assistentenstelle, so daß er relativ unbehelligt weiter am Institut arbeiten konnte.
Der Anstoß zu den entscheidenden Untersuchungen, die ihre Krönung in der Entdeckung der Kernspaltung fanden, ging von der Pariser Arbeitsgruppe aus, die sich ebenfalls dem Studium der Transuraniumelemente zugewandt hatte. Bereits 1937 war eine Veröffentlichung von Irène Joliot-Curie und Paul Savitch erschienen, in der die Bildung eines energiereichen Betastrahlers mit 3,5 Stunden Halbwertzeit durch Neutronenbestrahlung des Uraniums mitgeteilt wurde. Sie gaben dem neuen radioaktiven Stoff die symbolische Bezeichnung „3,5-Stunden-Körper". Die Annahme, daß es sich dabei um ein nach der Reaktion

$$^{238}_{92}U + ^{1}_{0}n \rightarrow ^{235}_{90}Th + ^{4}_{2}He$$

entstandenes Thoriumnuklid handeln könnte, war nach sorgfältiger chemischer Überprüfung in Berlin nicht aufrechtzuerhalten. Hahns Einspruch wurde akzeptiert. Im Verlauf weiterer Untersuchungen gelangten die beiden Pariser Forscher zu dem Schluß, daß der 3,5-Stunden-Körper dem Lanthan chemisch sehr ähnlich sei. Welches Element verbarg sich hinter dieser seltsamen radioaktiven Substanz, die im Berliner Institut scherzhaft schon „Curiosum" genannt wurde? Mit spürbarer Zurückhaltung äußerte die französische Forschergruppe in einer weiteren Veröffentlichung schließlich die Vermutung, es handle sich entweder um ein neues Nuklid des Actiniums oder ein weiteres Transuraniumelement. Heute weiß man, daß der 3,5-Stunden-Körper aus den beiden Spaltprodukten Barium und Lanthan bestand. Eine flüchtige Bemerkung, die Irène Joliot-Curie 1938 gegenüber Georg von Hevesy machte, „sie dächte manchmal, sie hätte alle chemischen Elemente in ihrem bestrahlten Uran", [40, S. 168] bezeugt, wie knapp sie und ihr Mitarbeiter Paul Savitch die Entdeckung der Spaltbarkeit des Uraniumkerns in zwei Bruchstücke mittlerer Masse verfehlten.
Die fragwürdige Einordnung des 3,5-Stunden-Körpers in die Reihe der Transuraniumelemente mußte natürlich das brennende Interesse Otto Hahns erregen und ihn veranlassen, eigene Versuche zur Identifizierung der seltsamen Substanz durchzuführen. Als bester Kenner der radioaktiven Elemente widmete er sich jetzt beharrlich und unvoreingenommen dem neuen Problem.

Gemeinsam mit Fritz Straßmann, der über ausgezeichnete analytisch-chemische Kenntnisse und großes experimentelles Geschick verfügte, konnte leicht die 3,5-Stunden-Aktivität nachgewiesen werden. Eine sofort auf Vorschlag Straßmanns vorgenommene Fällungsreaktion mit Bariumchlorid als Trägersubstanz ergab, daß kein Transuraniumelement, sondern offensichtlich ein Gemisch von Radium- und Actiniumisotopen vorlag. Das war schwer verständlich. Die Entstehung von Radium (Ordnungszahl 88) aus dem bestrahlten Uranium (Ordnungszahl 92) erschien nur denkbar, wenn man die gleichzeitige Ausstrahlung von zwei α-Teilchen oder zwei sukzessive α-Umwandlungen über die Zwischenstufe Thorium in Betracht zog:

$$^{238}_{92}U + ^{1}_{0}n \rightarrow ^{239}_{92}U \xrightarrow{2\alpha} ^{231}_{88}Ra \xrightarrow{\beta^-} ^{231}_{89}Ac;$$

$$^{238}_{92}U + ^{1}_{0}n \rightarrow ^{239}_{92}U \xrightarrow{\alpha} ^{235}_{90}Th \xrightarrow{\alpha} ^{231}_{88}Ra \xrightarrow{\beta^-} ^{231}_{89}Ac.$$

Solche Kernreaktionen hatte noch niemand beobachtet. Auch die Physiker waren ratlos. Im Spätherbst 1938 reiste Otto Hahn nach Kopenhagen zu Niels Bohr, um in dessen Institut die neuen Ergebnisse vorzutragen:

Bohr war ziemlich unglücklich. Ihm war die Abspaltung von zwei Alpha-Strahlen aus dem Uran unheimlich. Er konnte sie nicht für möglich halten und fragte mich schließlich, ob unsere neuen Körper nicht doch irgendwelche Transurane sein könnten. Ich mußte es verneinen. Mit dem Barium konnten wir nur das Radium abgeschieden haben. Aber das erlösende Wort fiel auch hier nicht. [27, S. 45]

Als Folge der Neutronenbestrahlung des Uraniums vermeinte die Berliner Gruppe schließlich nicht weniger als 16 neue Atomarten entdeckt zu haben. Zu den Nukliden der Transuraniumelemente 93 bis 97 waren noch drei β-aktive Radiumisotope getreten, die ihrerseits wahrscheinlich in drei Actiniumisotope übergingen. Alles in allem, ein unglaubwürdiges Resultat! Jetzt standen die entscheidenden Versuche zur Klärung des wahren Sachverhaltes bevor. Exakte Beweise für die Erzeugung künstlicher Radiumisotope mußten erbracht werden. Um an Hand der äußerst schwachen Strahlung die wenigen Radiumisotope überhaupt untersuchen zu können, war ihre Trennung vom inaktiven Träger Barium unumgänglich. Die von Otto Hahn und Fritz Straßmann seit Jahren meisterhaft beherrschte Methode der fraktionierten

9 Versuchsanordnung, mit der im Dezember 1938 von Otto Hahn und Fritz Straßmann die Kernspaltung nachgewiesen wurde

Kristallisation versagte jedoch. So oft die beiden Chemiker auch die Fraktionierungen mit peinlicher Genauigkeit wiederholten, es blieb bei einem experimentellen Befund: Die rätselhaften Radiumisotope verhielten sich wie Barium. Natürliches Radium ließ sich dagegen in Kontrollversuchen ganz mühelos vom Barium abtrennen. Das war in der Tat ein merkwürdiges Ergebnis. Jedermann wußte, daß sich bei Kernreaktionen die Ordnungszahl des Ausgangskerns um allerhöchstens zwei Einheiten veränderte. Schon der „Sprung" von 92 (Uranium) auf 88 (Radium) war von den Kernforschern nur widerstrebend in Betracht gezogen worden. Barium mit der Ordnungszahl 56 konnte sich aber bestimmt nicht aus dem Uranium gebildet haben. In dieser scheinbar ausweglosen Situation teilte Otto Hahn am späten Abend des 19. Dezember 1938 seiner alten Kollegin Lise Meitner brieflich das eigenartige Resultat mit:

... Es ist nämlich etwas bei den „Radiumisotopen", was so merkwürdig ist, daß wir es vorerst nur Dir sagen. Die Halbwertszeiten der drei Isotope sind recht genau sichergestellt; sie lassen sich von *allen* Elementen außer Barium trennen; alle Reaktionen stimmen. Nur eine nicht — wenn nicht höchst seltsame Zufälle vorliegen: Die Fraktionierung funktioniert nicht. Unsere Ra-Isotope verhalten sich wie Ba ...
Es könnte noch ein höchst merkwürdiger Zufall vorliegen. Aber immer mehr kommen wir zu dem schrecklichen Schluß: Unsere Ra-Isotope verhalten sich nicht wie Ra, sondern wie Ba. Wie gesagt, andere Elemente,

Transurane, U, Th, Ac, Pa, Pb, Bi, Po kommen nicht in Frage. Ich habe mit Straßmann verabredet, daß wir vorerst nur Dir dies sagen wollen. Vielleicht kannst Du irgendeine phantastische Erklärung vorschlagen. Wir wissen dabei selbst, daß es eigentlich nicht in Ba zerplatzen kann. Nun wollen wir noch prüfen, ob sich die aus dem ‚Ra' entstehenden Ac-Isotope nicht wie Ac, sondern wie La verhalten. Alles recht heikle Versuche! Aber wir müssen doch klarwerden ... [2, S. 151]

Bereits am 21. 12. 1938 erwiderte Lise Meitner:

... Euere Radiumresultate sind sehr verblüffend. Ein Prozeß, der mit langsamen Neutronen geht und zum Barium führen soll! ... Mir scheint vorläufig die Annahme eines so weitgehenden Zerplatzens sehr schwierig, aber wir haben in der Kernphysik so viele Überraschungen erlebt, daß man auf nichts ohne weiteres sagen kann: Es ist unmöglich ... [2, S. 152]

Am gleichen Tag wurden in Berlin-Dahlem die „heiklen Versuche" beendet. Es bestand kein Zweifel mehr, das sogenannte „Radium" war eindeutig radioaktives Barium und das daraus entstehende „Actinium" offensichtlich Lanthan. Der entscheidende Wendepunkt war erreicht. Nur durch die Spaltung des schweren Uraniumkerns konnte sich Barium gebildet haben. Noch am 22. Dezember übergaben Hahn und Straßmann eine Mitteilung an die Redaktion der Zeitschrift „Die Naturwissenschaften". Ein Durchschlag des Manuskriptes ging an Lise Meitner nach Schweden. Trotz äußerst exakter Beweisführung faßte Otto Hahn die Resultate nicht ohne Vorbehalt zusammen:

Als Chemiker müssen wir aus den kurz dargelegten Versuchen das obengebrachte Schema eigentlich umbenennen und statt Ra, Ac, Th die Symbole Ba, La und Ce einsetzen. Als der Physik in gewisser Weise nahestehende Kernchemiker können wir uns zu diesem, allen bisherigen Erfahrungen der Kernphysik widersprechenden Sprung noch nicht entschließen. Es könnte doch noch vielleicht eine Reihe seltsamer Zufälle unsere Ergebnisse vorgetäuscht haben. [37, S. 194]

Die Arbeit erschien am 6. Januar 1939 unter dem Titel „Über den Nachweis und das Verhalten der bei der Bestrahlung des Urans mittels Neutronen entstehenden Erdalkalimetalle".
Unermüdlich forschten Hahn und Straßmann weiter. Die am 28. Januar 1939 eingereichte Veröffentlichung „Nachweis der Entstehung aktiver Bariumisotope aus Uran und Thorium durch Neutronenbestrahlung; Nachweis weiterer aktiver Bruchstücke bei der Uranspaltung" beseitigte die letzten Bedenken. In wenigen

DIE NATURWISSENSCHAFTEN

27. Jahrgang | 6. Januar 1939 | Heft 1

Über den Nachweis und das Verhalten der bei der Bestrahlung des Urans mittels Neutronen entstehenden Erdalkalimetalle[1].

Von O. Hahn und F. Strassmann, Berlin-Dahlem.

In einer vor kurzem an dieser Stelle erschienenen vorläufigen Mitteilung[2] wurde angegeben, daß bei der Bestrahlung des Urans mittels Neutronen außer den von Meitner, Hahn und Strassmann im einzelnen beschriebenen Trans-Uranen – den Elementen 93 bis 96 – noch eine ganze Anzahl anderer Umwandlungsprodukte entstehen, die ihre Bildung offensichtlich einem sukzessiven zweimaligen α-Strahlenzerfall des vorübergehend entstandenen Urans 239 verdanken. Durch einen solchen Zerfall muß aus dem Element mit der Kernladung 92 ein solches mit der Kernladung 88 entstehen, also ein Radium. In der genannten Mitteilung wurden in einem noch als vorläufig bezeichneten Zerfallsschema 3 derartiger isomerer Radiumisotope mit ungefähr geschätzten Halbwertszeiten und ihren Umwandlungsprodukten, nämlich drei isomeren Actiniumisotopen, angegeben, die ihrerseits offensichtlich in Thorisotope übergehen.

Zugleich wurde auf die zunächst unerwartete Beobachtung hingewiesen, daß diese unter α-Strahlenabspaltung über ein Thorium sich bildenden Radiumisotope nicht nur mit schnellen, sondern auch mit verlangsamten Neutronen entstehen.

Der Schluß, daß es sich bei den Anfangsgliedern dieser drei neuen isomeren Reihen um Radiumisotope handelt, wurde darauf begründet, daß diese Substanzen sich mit Bariumsalzen abscheiden lassen und alle Reaktionen zeigen, die dem Element Barium eigen sind. Alle anderen bekannten Elemente, angefangen von den Trans-Uranen über das Uran, Protactinium, Thorium bis zum Actinium haben andere chemische Eigenschaften als das Barium und lassen sich leicht von ihm trennen. Dasselbe trifft zu für die Elemente unterhalb Radium, also etwa Wismut, Blei, Polonium, Ekacäsium.

Es bleibt also, wenn man das Barium selbst außer Betracht läßt, nur das Radium übrig.

Im folgenden soll kurz die Abscheidung des Isotopengemisches und die Gewinnung der einzelnen Glieder beschrieben werden. Aus dem Aktivitätsverlauf der einzelnen Isotope ergibt sich ihre Halbwertszeit und lassen sich die daraus entstehenden Folgeprodukte ermitteln. Die letzteren werden in dieser Mitteilung aber im einzelnen noch nicht beschrieben, weil wegen der sehr komplexen Vorgänge – es handelt sich um mindestens 3, wahrscheinlich 4 Reihen mit je 3 Substanzen – die Halbwertszeiten aller Folgeprodukte bisher noch nicht erschöpfend festgestellt werden konnten.

Als Trägersubstanz für die „Radiumisotope" diente naturgemäß immer das Barium. Am nächstliegenden war die Fällung des Bariums als Bariumsulfat, das neben dem Chromat schwerstlösliche Bariumsalz. Nach früheren Erfahrungen und einigen Vorversuchen wurde aber von der Abscheidung der „Radiumisotope" mit Bariumsulfat abgesehen; denn diese Niederschläge reißen neben geringen Mengen Uran nicht unbeträchtliche Mengen von Actinium- und Thoriumisotopen mit, also auch die mutmaßlichen Umwandlungsprodukte der Radiumisotope, und erlauben daher keine Reindarstellung der Ausgangsglieder. Statt der quantitativen, sehr oberflächenreichen Sulfatfällung wurde daher das in starker Salzsäure sehr schwer lösliche Ba-Chlorid als Fällungsmittel gewählt; eine Methode, die sich bestens bewährt hat.

Bei der energetisch nicht leicht zu verstehenden Bildung von Radiumisotopen aus Uran beim Beschießen mit langsamen Neutronen war eine besonders gründliche Bestimmung des chemischen Charakters der neu entstehenden künstlichen Radioelemente unerläßlich. Durch die Abtrennung einzelner analytischer Gruppen von Elementen aus der Lösung des bestrahlten Urans wurde außer der großen Gruppe der Transurane eine Aktivität stets bei den Erdalkalien (Trägersubstanz Ba), den seltenen Erden (Trägersubstanz La) und bei Elementen der vierten Gruppe des Periodischen Systems (Trägersubstanz Zr) gefunden. Eingehender untersucht wurden zunächst die Bariumfällungen, die offensichtlich die Anfangsglieder der beobachteten isomeren Reihen enthielten. Es soll gezeigt werden, daß Transurane, Uran, Protactinium, Thorium und Actinium

[1] Aus dem Kaiser Wilhelm-Institut für Chemie in Berlin-Dahlem. Eingegangen 22. Dezember 1938.

[2] O. Hahn u. F. Strassmann, Naturwiss. **26**, 756 (1938).

10 Veröffentlichung der Versuchsergebnisse in der Zeitschrift „Die Naturwissenschaften"

Wochen anstrengender und mühevoller Arbeit hatte man viele neue Einsichten gewonnen. Die Identifizierung der Spaltprodukte ^{139}Ba, ^{140}Ba sowie der weiteren Bruchstücke Strontium, Yttrium und Krypton war gelungen. Schließlich konnte die Spaltungsreaktion auch bei Thorium, zwar nicht mit langsamen, sondern nur mit schnellen Neutronen, nachgewiesen werden.

Jetzt bestand endgültig Klarheit. Das System der Transuraniumreihen mußte weitgehend verworfen werden. Bei dem Versuch,

neue chemische Elemente jenseits des Uraniums herzustellen, hatten Otto Hahn und Fritz Straßmann die Kernspaltung entdeckt. In den entscheidenden Wintertagen 1938/39 war das Atomzeitalter angebrochen. Die Entdeckung der Kernspaltung auf analytisch-chemischem Wege erfolgte zufällig. Für eine derart ungewöhnliche Reaktion besaß die Physik noch kein theoretisches Konzept. Die schon 1934 von Frau Ida Noddack ausgesprochene Vermutung, der Uraniumkern könne auch in mehrere Bruchstücke zerfallen, blieb daher unbeachtet. Niemand kam auf die Idee, die energiereichen Spaltprodukte durch einfache physikalische Experimente nachzuweisen. So blieb zwei Chemikern eine der wichtigsten und folgenschwersten Entdeckungen dieses Jahrhunderts vorbehalten. Die unbestechliche Beobachtungsgabe, wachsame Selbstkritik und jahrzehntelange Erfahrung des Sechzigjährigen und die ausgefeilte Experimentierkunst seines jüngeren Kollegen brachten den Erfolg. Lise Meitner, die Weggefährtin und Freundin, schrieb in den späteren Jahren:

Ich möchte betonen, daß dieser Nachweis bei der so geringen Intensität der zu identifizierenden Präparate wirklich ein Meisterstück radioaktiver Chemie war, das in der damaligen Zeit kaum jemand anderen hätte gelingen können als Hahn und Straßmann. [40, S. 168]

Die Deutung der Kernspaltung

Nachdem Lise Meitner von Otto Hahn auf brieflichem Weg die überraschenden Resultate erfahren hatte, reiste sie an die Südküste Schwedens, um in Kungälv, einem kleinen Ort in der Nähe von Göteborg, die Weihnachtsfeiertage zu verbringen. Hier besuchte sie ihr Neffe, der junge Physiker Otto Robert Frisch. Er war auf Grund der nationalsozialistischen Verfolgung schon 1933 aus Deutschland emigriert und hatte nach einem kurzen Aufenthalt in England im Kopenhagener Institut von Niels Bohr Aufnahme gefunden. Als ihm seine Tante die Hahn-Straßmannschen Ergebnisse mitgeteilt hatte, zweifelte er zunächst an deren Richtigkeit. Lise Meitner zerstreute jedoch seine Bedenken mit der Bemerkung: „Wenn Hahn so etwas behauptete, dann muß bei seinen langen Erfahrungen als Radiochemiker etwas dran sein.“ [2, S. 153] Nach eingehenden Diskussionen hatten sie die erste qualitative Erklärung des neuartigen Kernprozesses gefunden. Am 1. 1. 1939 schrieb Lise Meitner an Hahn:

Wir haben Eure Arbeit sehr genau gelesen und überlegt, vielleicht ist es energetisch doch möglich, daß ein so schwerer Kern zerplatzt. [3, S. 84]

Ein weiterer Brief vom 3. 1. 1939 enthält die Passage:

Ich bin jetzt ziemlich sicher, daß Ihr wirklich eine Zertrümmerung zum Ba habt, und finde das ein wirklich wunderschönes Ergebnis, wozu ich Dir und Straßmann sehr herzlich gratuliere. [3, S. 84]

Meitner und Frisch erklärten den Spaltprozeß in sehr plausibler Weise mit Bohrs Tröpfchenmodell des Atomkernes. Sie entwarfen folgendes Bild: Schwere Atomkerne werden trotz ihrer großen positiven Ladung ähnlich wie inkompressible Flüssigkeitstropfen durch die Oberflächenspannung zusammengehalten. Wird jedoch durch die Anlagerung eines Neutrons einem „Kerntröpfchen" Energie zugeführt, so gerät es in heftige Schwingungen. Der anfangs kugelförmige Kern nimmt die Form eines Rotationsellipsoides an und schnürt sich schließlich unter Bildung einer „Taille" mehr und mehr ein. Dadurch gewinnen die elektrostatischen Abstoßungskräfte zwischen den beiden Teilen die Oberhand, so daß der Kern in zwei große Bruchstücke zersplatzt, die mit hoher Geschwindigkeit auseinanderfliegen.
Dieser Vorgang hatte mit der Emission von Alpha- und Betateilchen aus dem Kern nichts gemein. Wegen seiner Ähnlichkeit mit der Zellteilung führte Frisch auf Vorschlag eines Biologen da-

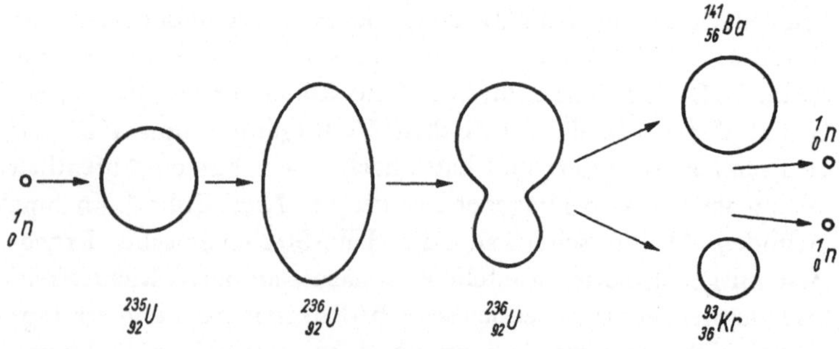

11 Schematische Darstellung der Kernspaltung nach dem Tröpfchenmodell für die Bezeichnung „fission“ (= Spaltung) ein. Hahn und Straßmann verwendeten zuerst vorwiegend den Ausdruck „Zerplatzen“. Lise Meitner und Otto Robert Frisch gelang es, die Massenbilanz der Spaltreaktion abzuschätzen und mit Hilfe der berühmten Einsteinschen Beziehung $E = mc^2$ die freigesetzte Energie zu berechnen. Das Ergebnis war verblüffend. Mit etwa 200 MeV ($= 3{,}2 \times 10^{-11}$ Joule) übertraf die Reaktionsenergie den Energieumsatz der bisher bekannten Kernreaktionen um ein Vielfaches. Die energetischen Berechnungen führten außerdem zu dem Hinweis, daß neben Barium das Edelgas Krypton als zweites Spaltprodukt entstehen müßte. Diese Vermutung bestätigte sich.

Otto Hahn verzichtete vorerst bewußt darauf, die Physiker des eigenen Instituts im vollen Umfang über die Ergebnisse der entscheidenden Versuche zu informieren. Er wollte auf diese Weise seiner ehemaligen Kollegin die Chance einer aktiven Beteiligung an den Arbeiten einräumen, die sie früher maßgeblich mitbestimmt hatte. In seinem Brief vom 10. 1. 1939 ermunterte er Lise Meitner ausdrücklich, die Überlegungen zur theoretischen Deutung der Kernspaltung rasch zu veröffentlichen:

> Falls Du mit Otto Robert etwas schreibst, dann tut es bald. Denn es wird ja wohl auch von hier aus, Weizsäcker, Flügge, Droste etc. darüber gegrübelt. [3, S. 91]

Daraufhin vereinbarte Lise Meitner mit Frisch, der nach dem Weihnachtsfest wieder nach Kopenhagen zurückgekehrt war, telephonisch den Text für eine kurze Mitteilung in der englischen Zeitschrift „Nature“. Diese Veröffentlichung erschien im Februar 1939 unter dem Titel „Disintegration of Uranium by Neutrons: A New Type of Nuclear Reaction“.

Nach Abschätzung der Spaltungsenergie erkannte O. R. Frisch sofort die Möglichkeit, die energiereichen Spaltprodukte an Hand ihrer stark ionisierenden Wirkung mit einer Ionisationskammer nachzuweisen. Die erste physikalische Bestätigung der Kernspaltung glückte ihm mühelos. Auch dieses Resultat wurde im Februar 1939 in der „Nature“ veröffentlicht. Fast zur gleichen Zeit gelang auch Frédéric Joliot in Paris unabhängig von Frisch der physikalische Nachweis der Kernspaltung. Er fing nach der Rückstoßmethode die während der Neutronenbestrahlung aus Uranium- oder Thoriumproben herausgeschleuderten radioaktiven Spaltprodukte mit Folien auf und verfolgte anschließend deren β^--Umwandlung.

Nach dem Empfang der Manuskripte beider Veröffentlichungen schrieb Otto Hahn am 24. 1. 1939:

Liebe Lise. Vorhin kamen Deine Karte und die beiden höchst interessanten Nature-Artikel. Es ist fabelhaft, wie schnell Ihr Euch physikal. Experimente ausdenkt und durchführt, so daß ein Teil unserer mühsamen chemischen Versuche gar nicht nötig gewesen wäre. [3, S. 94]

Lise Meitner antwortete bereits am folgenden Tag:

Liebes Hähnchen! Vielen Dank für Deinen lieben Brief. Eure mühsamen Versuche sind keineswegs „unnötig"; ohne Euer schönes Resultat — Ba statt Ra — hätten wir nie etwas zu überlegen gehabt. [3, S. 95]

Nach der Rückkehr aus Schweden informierte O. R. Frisch unverzüglich Niels Bohr über die Hahn-Straßmannsche Entdeckung und die Vorstellungen, die er mit seiner Tante zur Deutung der Kernspaltung bereits entworfen hatte. Nun begannen sich die Ereignisse zu überstürzen. Bohr war im Begriff, zu einem Forschungsaufenthalt in die USA zu reisen. Sein Bericht über die Entdeckung der Kernspaltung schlug auf dem Kongreß der Amerikanischen Physikalischen Gesellschaft am 26. Januar 1939 in Washington wie eine Bombe ein. Kaum hatte er den Vortrag beendet, als einige der Physiker in ihre Institute eilten, um selbst mit Hilfe starker Neutronenquellen in wenigen Stunden die Spaltprodukte experimentell nachzuweisen. Die Ergebnisse wurden sofort in den Tageszeitungen veröffentlicht. In vielen Diskussionen setzte sich Bohr nachdrücklich für Frischs Priorität am physikalischen Nachweis der Spaltprodukte ein, da dieser seine Arbeit ja bereits am 16. 1. 1939 zur Veröffentlichung eingereicht hatte. Ironisch bemerkte Otto Robert Frisch später:

Im Verlauf dieses Kampfes wurde ich durch die Presse erstmals zu Bohrs Schwiegersohn ernannt, eine Behauptung, die seither in mehrere Bücher übergegangen ist, trotzdem ich damals unverheiratet war und Bohr keine Tochter hat. [21, S. 125]

Jetzt war es soweit: Die sensationelle Nachricht von der Spaltbarkeit des Uraniumkerns unter Freisetzung einer großen Energiemenge verbreitete sich wie ein Lauffeuer. Otto Hahn erinnerte sich:

Noch von der Tagung in Amerika bekam ich ein langes Telegramm von Niels Bohr und einer Anzahl von Physikern, in dem sie mir zu der „wunderbaren Arbeit" ihre Glückwünsche aussprachen. [2, S. 154]

In den Kernforschungslaboratorien der ganzen Welt begann man mit intensiven Studien zur Aufklärung der Spaltungsreaktion. Weiterführende Versuche eröffneten neue, überraschende Einblicke. Hans von Halban, Frédéric Joliot und Lew Kowarski erkannten zuerst, daß bei jedem Spaltungsereignis neben den beiden Spaltprodukten noch 2 bis 3 Neutronen frei werden. Die weitreichenden Konsequenzen dieser Entdeckung waren vielen Physikern schlagartig klar. Durch die bei der Spaltung eines einzigen Uraniumkerns entstehenden schnellen Spaltungsneutronen wurde eine lawinenartig anwachsende Kettenreaktion mit einer unvorstellbar großen Energieentwicklung in den Bereich der Möglichkeit gerückt.

Obwohl die Physiker des Kaiser-Wilhelm-Instituts für Chemie erst Anfang Januar 1939 voll über die Geschehnisse informiert wurden, trugen sie bald mit eigenen Arbeiten zur Klärung des Spaltprozesses bei. Unabhängig von Meitner und Frisch wiesen Gottfried von Droste und Siegfried Flügge auf die große Energiefreisetzung bei der Kernspaltung hin. Bereits im Frühjahr 1939 publizierte S. Flügge in den „Naturwissenschaften" eine ausführliche Arbeit unter dem richtungweisenden Titel: „Kann der Energieinhalt der Atomkerne technisch nutzbar gemacht werden?"

Flügge berechnete darin, daß dank der Kettenreaktion die bei der vollständigen Spaltung von 1 Kubikmeter Uraniumoxid freiwerdende Energie dazu ausreichen würde, um 1 Kubikkilometer Wasser (10^{12} kg!) in eine Höhe von 27 km zu schleudern.

Eingehende Überlegungen der Theoretiker ließen diese Abschätzung bald in einem anderen Licht erscheinen. Auf der Grundlage des ersten Deutungsversuches von Meitner und Frisch arbeiteten Niels Bohr, John A. Wheeler und Jakow I. Frenkel eine umfassende Theorie des Spaltprozesses aus. Dabei gelangten sie zu der überraschenden Schlußfolgerung, daß nicht, wie ursprünglich angenommen, der Hauptbestandteil des Natururaniums, das Uranium 238, sondern nur der seltene, leichte Anteil (0,7 %) an Uranium 235 mit langsamen Neutronen spaltbar war:

$$
\begin{aligned}
{}^{235}_{92}\mathrm{U} + {}^{1}_{0}\mathrm{n} \rightarrow {}^{236}_{92}\mathrm{U} \rightarrow\ & {}^{141}_{56}\mathrm{Ba} + {}^{93}_{36}\mathrm{Kr} + 2\,{}^{1}_{0}\mathrm{n} \\
\text{oder}\ \ & {}^{139}_{54}\mathrm{Xe} + {}^{94}_{38}\mathrm{Sr} + 3\,{}^{1}_{0}\mathrm{n} \\
\text{oder}\ \ & {}^{140}_{55}\mathrm{Cs} + {}^{94}_{37}\mathrm{Rb} + 2\,{}^{1}_{0}\mathrm{n} \\
\text{usw.} &
\end{aligned}
$$

Das bedeutete eine erhebliche Einschränkung der technischen Möglichkeiten. Man war offenbar noch weit von einer praktischen Nutzung der Kernenergie entfernt. Diese Bedenken äußerte Otto Hahn sogar noch im Oktober 1943 in einem Vortrag vor der Schwedischen Akademie der Wissenschaften: „Auch hier ist dafür gesorgt, daß die Bäume nicht in den Himmel wachsen." [11, S. 70] Er ahnte nicht, daß zu diesem Zeitpunkt die „Bäume" in den USA ihre Wipfel schon gefährlich emporreckten.
Innerhalb eines knappen Jahres seit ihrer Entdeckung waren bereits über 100 Originalarbeiten über die Uraniumspaltung im internationalen Schrifttum erschienen. Sie wurden Anfang 1940 in der Zeitschrift „Review of modern Physics" von L. A. Turner zu einer ersten Bibliographie „Nuclear Fission" zusammengestellt.
Schließlich glückte 1940 auch noch der Nachweis der Spontanspaltung des Uraniums in der Natur. In der Tiefe eines Moskauer Metrotunnels konnten der heute sehr bekannte Entdecker mehrerer Transuraniumelemente Professor Georgi N. Flerow und sein Kollege Konstantin Petrshak diese äußerst seltenen Zerfallsereignisse registrieren.
Am 1. September 1939 hatte der zweite Weltkrieg begonnen. Auf Befehl Hitlers überfielen die faschistischen Armeen ein Land nach dem anderen und stürzten die Völker Europas in unsägliches Leid und Elend. Der Kontakt zwischen den Kernforschungsinstituten der Welt wurde jäh unterbrochen. Die Behörden der führenden Länder erteilten die Anweisung, alle Arbeiten über die Möglichkeiten einer Kettenreaktion des Uraniums geheim zu halten. Ein Mantel des Schweigens und Mißtrauens legte sich über die Kernforschung. Die fruchtbare internationale Zusammenarbeit der Wissenschaftler war beendet.

Im Exil

Die schwedische Öffentlichkeit stand Ende der dreißiger Jahre den scharenweise in das Land strömenden Emigranten nicht sonderlich freundlich gegenüber. Die Anfangszeit im Exil war daher für Lise Meitner mit vielen Schwierigkeiten und bitteren Enttäuschungen verbunden. All ihrer Habe beraubt, wohnte sie monatelang unter primitiven Verhältnissen in einem kleinen Hotelzimmer. Erst im Mai 1939 konnte sie gemeinsam mit ihren ebenfalls emigrierten Geschwistern in Stockholm eine kleine Wohnung mieten. Endlich stand ihr ein bescheidenes Leerzimmer zur Verfügung. In zähen Verhandlungen mit den Nazibehörden ließ unterdessen Otto Hahn in Berlin nichts unversucht, die Genehmigung zur Nachsendung ihrer Einrichtungsgegenstände und Bücher zu erwirken. In ihrer verzweifelten Lage schrieb Lise Meitner am 10. April 1939 an ihn:

> Heute hat mir ein Rechtsanwalt, den ich vor 14 Tagen mit der Bitte aufgesucht habe, mir doch etwas behilflich zu sein, meine Sachen endlich zu bekommen, telephonisch angeboten, mir ein Bett und Bettzeug zu leihen. Ich habe es also nach mehr als 30jähriger Arbeit immerhin so weit gebracht, daß mir ein wildfremder Mensch ein Bett leiht. [3, S. 125]

Otto Hahn antwortete ihr:

> Es wird zwar keine Beruhigung für Dich sein, aber Du kannst mir glauben, daß mich der Skandal mit Deinem Umzug mehr Nerven kostet als alle Trans-Urane und sonstigen nicht immer angenehmen Dinge zusammengenommen. [3, S. 127]

Schließlich erlangte er doch die Erlaubnis, Teile des Hab und Guts der „Nicht-Arierin" Lise „Sarah" Meitner nach Schweden zu senden. (In einer diskriminierenden Anordnung hatten die Nazis am 1. 9. 1939 verfügt, daß alle Juden den Namen Sarah bzw. Israel als zweiten Vornamen annehmen mußten.) Aus ihrer Privatbibliothek wurden jedoch neben zahlreichen wissenschaftlichen Publikationen alle Werke von Thomas Mann, Heinrich Mann, Maxim Gorki und anderen fortschrittlichen Autoren beschlagnahmt.

Die ausgesprochen ungünstigen Arbeitsbedingungen am neugegründeten Nobel-Institut für Physik waren für die sechzigjährige Wissenschaftlerin in höchstem Maße deprimierend. Ihr Verhältnis zum Direktor des Instituts, dem Röntgenspektroskopiker Manne Siegbahn, blieb reserviert. In zahlreichen Briefen an Otto Hahn spiegelt sich ihr schweres Los wider:

...6. 10. 1938...

Das Siegbahn'sche Institut ist unvorstellbar leer. Ein sehr schöner Bau, in dem ein Cyclotron und viele andere große Röntgen- und spektroskopische Apparate vorbereitet werden; aber an experimentelle Arbeit ist kaum zu denken. Es gibt keine Pumpe, keinen Widerstand, keine Capazität, kein Amperemeter – also nichts zum Experimentieren, und in dem ganzen großen Haus 4 jüngere (oder junge) Physiker und eine sehr bureaukratische Arbeitsordnung [38, S. 888]

...5. 2. 1939...

Mir geht es sehr wenig gut. Ich habe hier eben einen Arbeitsplatz und keinerlei Stellung, die mir irgendein Recht auf etwas geben würde. Versuche Dir einmal vorzustellen, wie das wäre, wenn Du statt Deines schönen eigenen Instituts ein Arbeitszimmer in einem fremden Institut hättest, ohne jede Hilfe, ohne alle Rechte und mit der Sieg'bahnschen Einstellung, der nur große Maschinen liebt und sehr sicher und selbstbewußt ist. Und ich mit meiner inneren Unsicherheit und Befangenheit! [3, S. 99]

In mühevoller Kleinarbeit, ohne Laboranten und Assistenten, baute sich Lise Meitner nach und nach einfache Strahlungsmeßanordnungen auf, um in bescheidenem Umfang ihre kernphysikalischen Untersuchungen wieder aufnehmen zu können. Soweit es die Verhältnisse nach Ausbruch des Krieges überhaupt noch erlaubten, versuchte sie Otto Hahn dabei zu unterstützen. Seine Apparatevorschläge waren im schwedischen Institut jedoch nur schwer zu realisieren. Die von ihm erbetenen Verstärkerröhren trafen leider nicht in Stockholm ein. Selbst wegen einiger Bogen Logarithmenpapier sah sich Lise Meitner genötigt, nach Berlin zu schreiben.

Gewiß hätten sich ihre Arbeitsbedingungen und Lebensumstände schlagartig verbessert, wenn sie die während des Krieges mehrfach gemachten Angebote angenommen hätte, sich an den Arbeiten der englischen und amerikanischen Physiker zur Schaffung der Atombombe zu beteiligen. Das Ansinnen, mit ihren Kenntnissen die Entwicklung einer furchtbaren Massenvernichtungswaffe zu begünstigen, lehnte sie konsequent ab.

Lise Meitner blieb in Stockholm und widmete sich im Siegbahnschen Institut dem Studium von Kernreaktionen mit Neutronen an schweren Elementen. Durch Untersuchung der β- und γ-Strahlung konnte sie bei vielen künstlichen Radionukliden die komplizierten Umwandlungsschemata aufklären.

Anfang der vierziger Jahre lernte sie Siegbahns jungen Assistenten Dr. Sigvard Eklund kennen. Mit ihm, der von 1961 bis 1981 die verantwortungsvolle Funktion des Generaldirektors der Internationalen Atomenergie-Organisation (IAEO) ausübte, war sie bis an ihr Lebensende in enger Freundschaft verbunden.
Erst in den Nachkriegsjahren verbesserte sich Lise Meitners Lage schrittweise. 1946 wurde sie für ein halbes Jahr als Gastprofessor an die Katholische Universität in Baltimore berufen. Während dieses Aufenthaltes in den Vereinigten Staaten erhielt sie den Ehrendoktortitel mehrerer amerikanischer Universitäten und wurde von der Presse zur „Frau des Jahres" gewählt.
Im Jahre 1947 verließ sie das Forschungsinstitut für Physik der Schwedischen Akademie der Wissenschaften und übernahm die Leitung eines kleinen Laboratoriums an der Technischen Hochschule in Stockholm. Als Beraterin wechselte sie schließlich 1953 an ein von S. Eklund geleitetes Institut über, an dem im Auftrage der Königlichen Akademie der Ingenieurwissenschaften ein Forschungsreaktor aufgebaut wurde.
Lise Meitner blieb 22 Jahre in Schweden. Wie bereits während ihres Aufenthaltes in Berlin hielt sie an der österreichischen Staatsbürgerschaft fest, obwohl ihr einige Male die schwedische Staatsbürgerschaft angeboten wurde. Erst als man ihr ausdrücklich gewährte, die österreichische Staatsbürgerschaft beizubehalten, nahm sie die schwedische an.

Kriegsjahre

Otto Hahn machte des öfteren kein Hehl aus seiner inneren Ablehnung des nationalsozialistischen Regimes. Er galt bei den vorgesetzten Dienststellen als politisch unzuverlässig. Seine Entdeckung wurde daher von Hitlerdeutschland in keiner Weise gewürdigt. Die Führung des Dritten Reiches hielt nichts von der modernen Naturwissenschaft. Sie stand vielmehr den Arbeiten der deutschen Kernforscher mit Fremdheit und Verachtung gegenüber. Bis zu einer Entlassung Otto Hahns kam es allerdings nicht. Mit den Mitarbeitern seines Instituts, unter ihnen F. Straßmann, W. Seelmann-Eggebert, H. Götte sowie später auch H. J. Born und K. Starke, konnte er bis Kriegsende verhältnismäßig unbehelligt die radiochemischen Arbeiten zur Identifizierung der Bruchstücke der Uranium- und Thoriumspaltung fortsetzen. Alle Ergebnisse wurden in wissenschaftlichen Fachzeitschriften veröffentlicht. Trotz des Krieges gestattete man Otto Hahn mehrfach, wissenschaftliche Veranstaltungen in Italien, Schweden und Rumänien zu besuchen. Die Römische Akademie der Wissenschaften verlieh ihm 1939 den Cannizarro-Preis.

Obwohl das öffentliche Interesse für Fragen der Atomkernforschung in Hitlerdeutschland, verglichen mit anderen Ländern, äußerst gering war, fanden im September 1939 im Heereswaffenamt mehrere Beratungen statt, um die Möglichkeiten der militärischen und technischen Ausnutzung der Kernenergie zu erörtern. Mit der Begründung, daß ihn weder die physikalisch-theoretischen Fragen der Kernspaltung noch die Probleme der technischen Realisierung der Kettenreaktion interessierten, lehnte Otto Hahn demonstrativ jede Beteiligung an der Arbeit des sogenannten „Uranvereins" ab. Die Leitung der Gruppe wurde in die Hände von Werner Heisenberg gelegt. Nach dem Weggang von Professor Peter Debye aus Deutschland fungierte der Theoretiker als Direktor des Kaiser-Wilhelm-Instituts für Physik. Zielstrebig untersuchte Heisenberg die gestellte Aufgabe. Bereits nach kurzer Zeit bestand Klarheit: Grundsätzlich waren sowohl energieliefernde Kernreaktoren als auch Kernspaltungsbomben herstellbar. Lord Rutherford irrte gründlich, als er 1933 die Prognose stellte.

Anyone who looked for a source of power in the transformation of the atoms was talking moonshine.
[Jeder, der in der Umwandlung der Atome eine Energiequelle sieht, redet Unsinn.]

Heisenberg war freilich Realist genug, um abzuschätzen, daß bis zur technischen Beherrschung der Kernenergie noch ein weiter Weg bevorstand. Am aussichtsreichsten erschien ihm der Versuch, einen Kernreaktor zu entwickeln. Die Realisierung der Atombombe hätte die großtechnische Abtrennung des seltenen Nuklids ^{235}U vom Hauptnuklid ^{238}U erfordert, weil nur in reinem Uranium 235 eine Kettenreaktion bereits mit schnellen Spaltneutronen zu erwarten war. Dieses Ziel wäre jedoch nur durch die Konzentration eines gewaltigen Industriepotentials erreichbar gewesen. In einem Reaktor konnte man dagegen mit

Natururanium arbeiten. Um darin eine Kettenreaktion in Gang zu setzen, bedurfte es in erster Linie einer Verlangsamung der schnellen Spaltneutronen mit Hilfe einer Bremssubstanz (Moderator), so daß keine Resonanzabsorption im ^{238}U stattfinden konnte. Die abgebremsten Neutronen würden dann mit großer Wahrscheinlichkeit erneut Spaltungen des seltenen Nuklids ^{235}U hervorrufen und die Reaktionskette weiterführen. In seinem Buch „Der Teil und das Ganze" schrieb Werner Heisenberg später:

Gegen Ende des Jahres 1941 waren für unseren „Uranverein" die physikalischen Grundlagen der technischen Ausnützung der Atomenergie weitgehend geklärt. [13, S. 245]

Mit Natururanium aus Joachimsthaler Erz und schwerem Wasser (D_2O) als Moderatorsubstanz, das die faschistische Wehrmacht in Norwegen sicherstellte, erfolgten die ersten Versuche zum Bau eines Reaktors an der Leipziger Universität. Unter der Leitung von Werner Heisenberg und Walter Bothe (Heidelberg) wurden diese Experimente in Berlin-Dahlem fortgesetzt. In einer für den weiteren Verlauf der Arbeiten entscheidenden Sitzung berichteten am 6. Juni 1942 die deutschen Physiker dem Reichsminister für Waffen und Munition Albert Speer über ihre Ergebnisse. Heisenberg stellte klar, daß die Entwicklung einer Atombombe im faschistischen Deutschland mit seiner durch den Krieg bereits überbeanspruchten Industrie mindestens vier oder fünf Jahre erfordern würde. Bewußt verschwieg er dabei, daß ein Kernreaktor auch zur Erzeugung von Plutonium dienen könnte, das ebenso wie Uranium 235 als Atomsprengstoff in Betracht kam. Speer entschied, daß nur die Arbeiten zur Entwicklung eines energieerzeugenden Kernreaktors fortgeführt werden sollten, aber gewissermaßen auf Sparflamme, ohne besondere Dringlichkeitsstufe.

Werner Heisenberg, wie Hahn ein Gegner des Naziregimes, hatte sein Ziel erreicht.

Bis Kriegsende wurden daraufhin zwei größere Reaktoranlagen in Berlin-Dahlem und in Haigerloch bei Hechingen gebaut. Der Haigerloch-„Uraniumbrenner" führte im Frühjahr 1945 zu positiven Resultaten, das verfügbare Material reichte jedoch nicht aus, eine sich selbst erhaltende Kettenreaktion in Gang zu bringen.

Damals ahnte niemand in Deutschland, daß Enrico Fermi bereits im Dezember 1942 in Chicago den ersten selbsttätigen Kernreaktor in Betrieb gesetzt hatte. Lise Meitner würdigte diese großartige Leistung in ihrem Aufsatz „Wege und Irrwege zur Kernenergie“ mit den Worten:

Am 2. Dezember 1942, also vor mehr als zwanzig Jahren, gelang es Enrico Fermi, den ersten Reaktor der Welt zum „Kritischwerden“, das heißt zum Arbeiten zu bringen. Es ist kein Zufall, daß es Fermi war, der dieses damals sehr komplizierte, wenn auch prinzipiell einfache Problem löste. Er war experimentell und theoretisch einer der genialsten Physiker unserer Zeit, immer geneigt und fähig, mit den einfachsten Vorstellungen neue, schwierige Probleme in Angriff zu nehmen und experimentelle Methoden, wenn die verfügbaren Mittel nicht ausreichten, mit erstaunlicher Beobachtungsgabe für die jeweilige Aufgabe (wieder in einfachster Weise) zu erweitern oder neu aufzufinden. [40, S. 167]

Otto Hahn, immer wieder mit Schwierigkeiten auf Grund seiner Nichtzugehörigkeit zur Nazipartei konfrontiert, nahm kaum Notiz von den Arbeiten der Heisenbergschen Gruppe. Im Februar und März 1944 wurde seine langjährige Arbeitsstätte, das Kaiser-Wilhelm-Institut für Chemie, durch Sprengbomben schwer getroffen.

Die Wirkung war verheerend. Ein Flügel des Instituts wurde völlig zerstört, mein Direktorenzimmer war ein Schutthaufen. Alle meine Sonderdrucke, meine Papiere und die vielen wertvollen Briefe von Rutherford und meinen Kollegen wurden ein Opfer des Feuers. [2, S. 158]

Es wurde beschlossen, das Institut in den süddeutschen Raum zu verlagern. Im Herbst 1944 erfolgte der Umzug in die Räume einer stillgelegten Fabrik in dem kleinen württembergischen Städtchen Tailfingen. In bescheidenem Umfang konnte die Untersuchung der Spaltprodukte wieder aufgenommen werden. Das Kaiser-Wilhelm-Institut für Physik war in das benachbarte Hechingen umgezogen, so daß sich für Otto Hahn die willkommene Möglichkeit bot, wieder regelmäßig mit seinem alten Freund Max von Laue zum vertrauten Gespräch zusammenzukommen. Auch in den beiden idyllisch gelegenen Kleinstädten stellten sich bald wieder Schwierigkeiten mit den nationalsozialistischen Behörden ein:

Zu Beginn des Jahres 1945 denunzierte man uns, wir seien gegen das Dritte Reich eingestellt, und es begannen allerlei Verhöre, die sich aber bis zum Ende des Krieges hinzogen. [2, S. 159]

In diesen dunklen Tagen war die Rückkehr des schwerverwundeten Sohnes Hanno aus dem Lazarett ein Lichtblick für das Ehepaar Hahn. Ende 1944 setzte sich Otto Hahn energisch für die von der Gestapo in das berüchtigte Vernichtungslager Theresienstadt eingelieferte jüdische Frau seines verstorbenen Kollegen Professor Rausch von Traubenberg ein. Die Physikerin konnte gerettet werden. Um die gleiche Zeit erhielt er einen erschütternden Brief des nun schon 86jährigen Max Planck. Sein Sohn, der Staatssekretär Erwin Planck, war in die Vorbereitung des Attentatversuches gegen Hitler am 20. Juli 1944 verwickelt und vom Volksgerichtshof zum Tode verurteilt worden. Alle Gnadengesuche des greisen Vaters blieben erfolglos.

Im April 1945 brachen für Tailfingen die letzten Tage des Krieges an. Mit seiner ganzen Autorität überzeugte Otto Hahn den Bürgermeister, die Panzersperren offen zu lassen und entgegen dem Befehl des Führers keinen „Widerstand bis zum Letzten" zu leisten. Sein selbstloser Einspruch bewahrte das Städtchen vor der sinnlosen Zerstörung.

Unmittelbar nach dem Einmarsch der französischen Truppen erschien am 25. April 1945 in Tailfingen ein aus Offizieren und Wissenschaftlern bestehendes Sonderkommando der Amerikaner, um Otto Hahn festzunehmen. Einige Tage danach traf Frédéric Joliot-Curie ein, um dafür Sorge zu tragen, daß in Hahns Laboratorium wie bisher gearbeitet werden konnte. Bis zum Frühjahr 1945 hatte die kleine Arbeitsgruppe, trotz schwacher Neutronenquellen, 100 Spaltprodukte nachgewiesen und charakterisiert. In amerikanischen Instituten war im gleichen Zeitraum unter wesentlich günstigeren Bedingungen die Identifizierung von 170 Spaltnukliden gelungen.

Mit der Beendigung des zweiten Weltkrieges, genau vierzig Jahre nach Entdeckung des Radiothoriums, fand Otto Hahns glückliche und überaus erfolgreiche experimentelle Forschertätigkeit ihren Abschluß.

Hiroshima und Nagasaki

Nach der Festnahme Otto Hahns wandte sich die amerikanische Sondereinheit mit der Deckbezeichnung „Alsos" unter der wissenschaftlichen Leitung des Physikers Professor Samuel A. Goudsmit nach Hechingen, um dort die führenden Wissenschaftler des Kaiser-Wilhelm-Instituts für Physik ebenfalls zu inhaftieren. Weitere deutsche Atomforscher wurden noch im süddeutschen Raum gesucht. Schließlich stellte man eine aus neun Physikern und einem Chemiker bestehende Gruppe zusammen, der neben Otto Hahn auch Werner Heisenberg, Max von Laue, Carl Friedrich von Weizsäcker und Walther Gerlach angehörten. Mit den Verbrechen der Hitlerfaschisten hatten diese Gelehrten nichts zu tun. Alle waren aber an den Arbeiten des „Uranvereins“ zur Entwicklung eines deutschen Kernreaktors beteiligt gewesen, außer Otto Hahn, dem Senior der Gruppe, und Max von Laue. Unter strenger Bewachung wurden die Wissenschaftler über verschiedene Zwischenstationen in Frankreich und Belgien nach England in das Landhaus Farmhall bei Cambridge gebracht. Durch Befragungen versuchten sich die Alliierten Klarheit über den Stand der Atomarbeiten im Dritten Reich zu verschaffen. Die Behandlung war gut, aber die strenge Isolierung von der Außenwelt wurde aufrechterhalten. Die Zukunft der Internierten blieb ungewiß. Von Anfang an genoß Otto Hahn unumschränkt das Vertrauen aller. Maßgeblich trug er zu einem harmonischen Klima in der Gruppe bei. Werner Heisenberg schilderte später Hahn in dieser Zeit:

Zu den schönsten Erinnerungen jener Zeit gehörte für uns eben das Zusammensein mit Otto Hahn, der nicht nur als Alterspräsident das Leben unserer Gruppe bestimmte, sondern der durch seine einfach angeborene Güte und Liebenswürdigkeit und einen nie versiegenden Humor in allen schwierigen Lagen das nötige Gleichgewicht herzustellen verstand. Der jugendliche 66jährige ließ es sich nicht nehmen, noch vor dem Frühstück regelmäßig seinen Frühsport zu absolvieren, der sich gelegentlich bis auf zehn Kilometer Dauerlauf ausdehnte. Wenn er dann frisch und ohne Zeichen von Ermüdung beim gemeinsamen Frühstück erschien, konnte der Tag nur mit fröhlichen Gesichtern beginnen. [23, S. 48]

Um der bedrückenden Langeweile zu begegnen, wurde regelmäßig Sport getrieben und zweimal wöchentlich ein wissenschaftliches Kolloquium durchgeführt. An manchen Abenden spielte Heisenberg auf dem Flügel Beethoven-Sonaten, und Hahn bestritt mit zahllosen „Cocktales“ [wörtliche Übersetzung: Hahns Märchen] die Unterhaltung.

Am Abend des 6. August 1945 wurde den deutschen Atomforschern die schockierende Nachricht vom Abwurf einer amerikanischen Uranium-Spaltungsbombe auf die japanische Hafenstadt Hiroshima übermittelt. Die Auswirkungen waren verheerend. Bis zum Jahre 1980 starben über 190000 Menschen an den unmittelbaren Folgen der gewaltigen Explosion. 76000 Gebäude wurden total zerstört. Drei Tage später, am 9. August wiederholte sich das atomare Inferno. Eine amerikanische Plutoniumbombe vernichtete die 300 km südwestlich von Hiroshima entfernt gelegene Stadt Nagasaki vollkommen. Hier waren bis 1980 mehr als 120000 Opfer zu beklagen.

In jenen Augusttagen durchlebte Otto Hahn eine schwere psychische Krise. Zutiefst erschüttert, fühlte er sich mitschuldig am grauenvollen Tod Hunderttausender. Die Entdeckung der Kernspaltung hatte den Bau von Atombomben ermöglicht. In seiner Autobiographie berichtete er:

Ich weigerte mich zunächst, diese Meldung zu glauben, mußte mich aber schließlich doch davon überzeugen, daß eine amtliche Nachricht des Präsidenten der Vereinigten Staaten vorlag. Ich war unsagbar erschrocken und niedergeschlagen; der Gedanke an das große Elend unzähliger unschuldiger Frauen und Kinder war fast unerträglich. [2, S. 173]

Seine Kollegen fürchteten in diesen Tagen ernsthaft um sein Leben. Erst allmählich gelang es Max von Laue, in langen Gesprächen beruhigend auf Otto Hahn einzuwirken. Seine Argumente waren überzeugend. Die Kernspaltung wäre früher oder später ohnehin entdeckt worden. Die Erkenntnis, „nicht eine Entdeckung ist gut oder böse, sondern das, was Menschen daraus

12 Die von einer amerikanischen Kernspaltungsbombe am 6. August 1945 verwüstete japanische Stadt Hiroshima

machen", [18, S. 351] wie Fritz Straßmann später sagte, vermochte Hahn ein gewisser Trost zu sein. Durch Hiroshima und Nagasaki reifte in ihm der Entschluß, künftig gegen jeden Mißbrauch der Kernspaltungsenergie zu wirken.

Während der Internierung wurde von den Wissenschaftlern oft die Frage aufgeworfen, wie es zur Entwicklung der amerikanischen Atombomben kommen konnte. Den in Hitlerdeutschland arbeitenden Forschern waren die gewaltigen Anstrengungen zur Atombombenherstellung in den USA im Rahmen des sogenannten „Manhatten-Projektes" verborgen geblieben. Den Anstoß hierzu hatte im Sommer 1939 ein Brief Albert Einsteins an den amerikanischen Präsidenten Franklin D. Roosevelt gegeben. Auf Drängen der beiden aus Deutschland emigrierten ungarischen Physiker Leo Szilard und Eugen Wigner ermunterte der Wissenschaftler darin die amerikanische Regierung, durch entscheidende Schritte der Gefahr einer Atombombe in den Händen der Hitlerfaschisten zu begegnen. Im Jahre 1952 äußerte der überzeugte Kriegsgegner und Humanist auf die Frage einer japanischen Zeitschriftenredaktion, was ihn zu diesem Schritt veranlaßt habe:

Meine Beteiligung bei der Erzeugung der Atombombe bestand in einer einzigen Handlung: Ich unterzeichnete einen Brief an Präsident Roosevelt, in dem die Notwendigkeit betont wurde, Experimente im Großen anzustellen zur Untersuchung der Möglichkeit der Herstellung einer Atombombe. Ich war mir der furchtbaren Gefahr wohl bewußt, welche das Gelingen dieses Unternehmens für die Menschheit bedeutete. Aber die Wahrscheinlichkeit, daß die Deutschen an demselben Problem mit Aussichten auf Erfolg arbeiten dürften, hat mich zu diesem Schritt gezwungen. Es blieb mir nichts anderes übrig, obwohl ich stets ein überzeugter Pazifist gewesen bin. Töten im Kriege ist nach meiner Auffassung um nichts besser als gewöhnlicher Mord. [21, S. 95]

Unter der militärischen Gesamtleitung von General Leslie R. Groves begannen 1942 in den USA fieberhaft Arbeiten zum Aufbau gewaltiger Industrieanlagen. Etwa 180000 Personen, vom Nobelpreisträger bis zum einfachen Arbeiter, wurden in den Dienst des Projektes gestellt. Die wissenschaftliche Leitung lag in den Händen von Robert Oppenheimer. Nahezu alle verfügbaren Fachleute der Alliierten, unter ihnen auch Enrico Fermi, beteiligten sich an der Herstellung der nuklearen Massenvernichtungswaffe. Die Arbeiten führten zum ersehnten Erfolg. Am 16. Juli 1945 detonierte über der Luftwaffenbasis

Alamogordo in der Wüste von New Mexico die erste Versuchsbombe. Die technische Vorbereitung der atomaren Vernichtung von Hiroshima und Nagasaki, für Fermi „schöne Physik", hatte zwei Milliarden Dollar verschlungen.
Eine große Zahl der an der Atomwaffenherstellung beteiligten Wissenschaftler beschwor in einem von James Franck angeregten und heute im allgemeinen als „Franck-Report" bezeichneten Memorandum die amerikanische Regierung eindringlich, auf den militärischen Einsatz der Bomben zu verzichten. Die Wirkung könne auch demonstriert werden, ohne Menschenleben zu opfern. Albert Einstein warnte den Präsidenten auf brieflichem Wege. Alle Bemühungen waren vergebens. Harry S. Truman, Nachfolger des plötzlich verstorbenen Präsidenten Roosevelt, war fest entschlossen, die Bomben ohne Vorwarnung auf zwei dichtbesiedelte japanische Städte abzuwerfen. Nüchtern denkende Politiker und Wissenschaftler erkannten unschwer die wahren Ziele der amerikanischen Atomwaffenstrategie. Noch vor Beendigung des zweiten Weltkrieges sollte der verbündeten Sowjetunion durch ein abschreckendes Beispiel die militärische Macht der USA als wirksames Mittel künftiger Erpressungsversuche demonstriert werden.
Noch während der Internierung der Wissenschaftler verbreiteten verschiedene Gazetten unsinnige Gerüchte über eine angebliche Atombombenentwicklung im Dritten Reich. Auf der dänischen Ostseeinsel Bornholm wären deutsche Atombombenfabriken errichtet worden. Andere Meldungen besagten, Lise Meitner habe aus Deutschland fliehen müssen, weil Otto Hahn ein „wütender Nazi" gewesen sei. Von ihr wäre das Geheimnis der Atombombenherstellung an die Amerikaner verraten worden. Diese und ähnliche Legenden waren frei erfunden. Von den Alliierten wurde jedoch die Frage aufgeworfen, warum nicht auch in Hitlerdeutschland mit dem Bau von Kernwaffen begonnen wurde. Dazu äußerte sich Werner Heisenberg klar und unmißverständlich:

Die einfachste Antwort, die man auf diese Frage geben kann, lautet: weil dieses Unternehmen während des Krieges nicht mehr gelingen konnte. Es konnte schon aus technischen Gründen nicht gelingen, denn selbst in Amerika, mit seinen viel größeren Reserven an Wissenschaftlern, Technikern und Industriepotential und einer ohne Feindeinwirkung arbeitenden Wirtschaft, ist die

Bombe ja erst nach dem Ende des Krieges mit Deutschland fertig geworden. Es konnte insbesondere wegen der deutschen Kriegslage nicht gelingen. 1942 war die deutsche Wirtschaft schon aufs äußerste angespannt; die deutschen Armeen hatten im Winter 1941/42 in Rußland schwere Niederlagen erlitten, die feindliche Luftüberlegenheit begann sich bemerkbar zu machen. Man hätte weder der unmittelbaren Rüstungsproduktion die Menschen und Materialien entziehen, noch die erforderlichen riesigen Fabriken vor Luftangriffen hinreichend schützen können. Schließlich konnte, und das ist ein sehr wichtiger Punkt, das Unternehmen gar nicht begonnen werden, wegen der psychologischen Voraussetzungen bei der Führung. [21, S. 141]

Otto Hahn bekannte immer wieder, er sei dankbar und glücklich, daß es keine deutsche Atomwaffenentwicklung gegeben habe. Noch während des Aufenthaltes in Farmhall erreichte ihn die Nachricht von der Verleihung des Nobelpreises für Chemie des Jahres 1944. Diese Absicht des Nobelkomitees war Hahn über diplomatische Kanäle schon ein Jahr zuvor angedeutet worden. Damals hatten die Nazis jedoch gefordert, die Annahme der hohen Auszeichnung strikt abzulehnen, wenn es zu einer Preisverleihung kommen sollte. Nun konnte Otto Hahn zwar mitteilen, daß er den Preis annehme, aber leider „verhindert“ sei, persönlich an der Feier im Dezember 1945 in Stockholm teilzunehmen. Eine Reise nach Schweden gestatteten die Alliierten vorläufig nicht.

Durch die Vergabe des Nobelpreises wurden ausschließlich Hahns wissenschaftliche Leistungen, insbesondere die Entdeckung der Kernspaltung gewürdigt, denn 1944 waren weder friedliche Anwendungen noch der militärische Mißbrauch der Kernenergie bekannt.

In die Zeit der Internierung fiel noch ein weiteres bedeutsames Ereignis. Max Planck teilte mit, daß Otto Hahn nach einer Umfrage bei den Direktoren der Kaiser-Wilhelm-Institute als neuer Präsident der Kaiser-Wilhelm-Gesellschaft vorgesehen sei. Zögernd willigte Hahn ein, dieses schwierige, aber für den Wiederaufbau der Wissenschaft wichtige Amt anzunehmen.

Am 3. Januar 1946 ging der Zwangsaufenthalt der deutschen Wissenschaftler in England zu Ende. Es wurde entschieden, daß sich Otto Hahn in der wenig zerstörten Universitätsstadt Göttingen niederlassen sollte.

Nach dem zweiten Weltkrieg

Aufbau der Max-Planck-Gesellschaft

Auf Wunsch von Max Planck übernahm Otto Hahn im Alter von 67 Jahren am 1. April 1946 die Leitung der de facto nicht mehr bestehenden Kaiser-Wilhelm-Gesellschaft. Als Gelehrter von Weltruf mit untadeliger politischer Vergangenheit schien er für das Amt des Präsidenten besonders geeignet. Große Schwierigkeiten türmten sich vor ihm auf. Dem Potsdamer Abkommen gemäß war vom Alliierten Kontrollrat 1945 die Auflösung der Kaiser-Wilhelm-Gesellschaft verfügt worden, denn zahlreiche Einrichtungen der Gesellschaft hatten dem deutschen Faschismus naturwissenschaftlich-technische und ideologische Unterstützung bei der Durchführung der verbrecherischen Rüstungs- und Rassenpolitik gewährt. Die Besatzungsmächte in den westlichen Zonen unternahmen jedoch keine Anstrengungen, der Wissenschaft freie und friedliche Entwicklungsmöglichkeiten zu bahnen. So blieben die deutschen Gelehrten ihrem Schicksal weitgehend allein überlassen. Verständlicherweise regten sich unter diesen Bedingungen nahmhafte Wissenschaftler, um die alten Institute und die progressiven wissenschaftlichen Traditionen der Kaiser-Wilhelm-Gesellschaft in eine bessere Zukunft hinüberzuretten. Nach harten, oft entmutigenden Verhandlungen gelang es Otto Hahn 1946, zunächst der britischen Administration die Zustimmung zur Neugründung der Gesellschaft in der von ihr verwalteten Besatzungszone abzuringen. Mit voller Berechtigung wurde aber eine Änderung des alten Namens gefordert. Max Planck erklärte sein Einverständnis, daß die Gesellschaft künftig die neue Bezeichnung „Max-Planck-Gesellschaft zur Förderung der Wissenschaften“ tragen dürfe.

Im Dezember 1946 konnte Otto Hahn endlich mit seiner Frau in Begleitung eines englischen Offiziers zur Entgegennahme des Nobelpreises nach Schweden reisen. Nach der Ankunft in Stockholm gab es ein Wiedersehn mit Lise Meitner. Eine kleine Verstimmung ebbte rasch ab. Hahn schrieb rückblickend:

Im vornehmen „Savoy" waren wir vorzüglich untergebracht und aßen mit unseren Freunden nach langer Zeit einmal wieder friedensmäßig zu Abend. Zuvor hatte ich aber noch eine recht unglückliche Unterhaltung mit Lise Meitner, die meinte, ich hätte sie damals nicht aus Deutschland fortschicken dürfen. Dieser Mißklang war wohl auf eine gewisse Enttäuschung zurückzuführen, daß ich den Preis allein bekommen hatte. Darüber habe ich mit Lise Meitner zwar nicht gesprochen, wohl aber gaben es mir einige ihrer Bekannten auf eine wenig freundliche Weise zu verstehen. An dieser Entwicklung war ich aber damals wirklich unschuldig gewesen; ich hatte doch nur das Wohl meiner geschätzten Kollegin im Auge gehabt, als ich ihre Emigration vorbereitete. [2, S. 206]

Es war eine objektive Entscheidung des Nobelkomitees, unmittelbar nach Beendigung des zweiten Weltkrieges, ungeachtet der Verbrechen der Hitlerfaschisten, einen deutschen Gelehrten für seine bahnbrechende Entdeckung durch die Verleihung des Preises zu ehren. Leider wurden Lise Meitner und Fritz Straßmann nicht in den Nobelpreis einbezogen. Seinen Nobelvortrag zum Thema „Von den natürlichen Umwandlungen des Urans zu seiner künstlichen Zerspaltung" schloß Otto Hahn mit mahnenden Worten, die bis heute an Aktualität nichts eingebüßt haben:

Die Energie kernphysikalischer Reaktionen ist in die Hand der Menschen gegeben. Soll sie ausgenützt werden für die Förderung freier wissenschaftlicher Erkenntnis, sozialen Aufbau und Erleichterung der Lebensbedingungen des Menschen oder soll sie mißbraucht werden zur Zerstörung dessen, was die Menschen in Jahrtausenden geschaffen haben? Die Antwort sollte nicht schwerfallen und wird wohl auch von den Wissenschaftlern der ganzen Welt im Sinne der ersteren Möglichkeit gewünscht. [11, S. 75]

In Stockholm bot sich für Hahn auch die Gelegenheit, auf großen Pressekonferenzen nachdrücklich den noch immer kursierenden Gerüchten über seine angebliche Beteiligung an der Atombombenherstellung oder vom Verrat geheimer Forschungsergebnisse an die Amerikaner entgegenzutreten. In humorvoller Art gab er

seiner Freude darüber Ausdruck, daß die Pforten der internationalen Wissenschaft schon wieder weit geöffnet seien, da er, laut Pressemeldungen, nicht nur in seinem Göttinger Wirkungskreis, sondern gleichzeitig in der Schweiz gewesen, aus Deutschland emigriert, in Tennessee gesehen und nach Moskau entführt worden sei ... [3, S. 244]

Nach der Rückkehr aus Schweden setzte sich Otto Hahn mit seiner ganzen Kraft für die volle Anerkennung der Max-Planck-

Gesellschaft ein. Die Verhandlungen mit den Besatzungsmächten verliefen schließlich erfolgreich. Die Max-Planck-Gesellschaft durfte 1948 auch in der amerikanischen und der französischen Zone aufgebaut werden. Die Idealvorstellung von einer völlig freien und unabhängigen Forschung sollte sich jedoch in der neuen Wissenschaftsorganisation ebensowenig wie in ihrer Vorgängerin erfüllen.
Die umfangreichen Verwaltungsarbeiten und Repräsentationspflichten forderten Hahns vollen Einsatz. Sein einfacher und anspruchsloser Lebensstil veränderte sich dadurch nicht. Auch als Präsident einer immer größer werdenden wissenschaftlichen Gesellschaft pflegte er das Mittagessen in einer einfachen Mensa einzunehmen. In der knapp bemessenen Freizeit waren ihm ausgedehnte Touren im Mittelgebirge ein nie versiegender Kraftquell. Die starke Beanspruchung durch das Präsidentenamt erlaubte es ihm leider nicht mehr, eigene Forschungsarbeiten aufzunehmen. Regen Anteil nahm er aber an der Weiterentwicklung seines eigenen Fachgebietes, der Radiochemie. Zahlreiche Aufsätze, Vorträge und Interviews widmete er dem Ziel, naturwissenschaftliche Forschungsergebnisse und Erkenntnisse breitesten Kreisen nahezubringen.
Im Dezember 1948 richtete Otto Hahn an Albert Einstein die Bitte, der neu entstandenen Max-Planck-Gesellschaft als Auswärtiges Wissenschaftliches Mitglied beizutreten. Einstein hatte sich aber von „den Deutschen“ abgewandt. Auch mit einer deutschen wissenschaftlichen Gesellschaft wollte er nichts zu tun haben. Angesichts der faschistischen Gewaltverbrechen an den Juden vermochte er die ungerechtfertigte Ansicht der Verdammung des gesamten deutschen Volkes nicht mehr zu überwinden. Obwohl er Otto Hahn als kompromißlosen Gegner des Naziregimes hoch schätzte, lehnte er das Angebot mit einem klaren „Nein“ ab. Sein Antwortbrief ist von dokumentarischem Wert.

Lieber Herr Hahn:

Ich empfinde es schmerzlich, daß ich gerade Ihnen, d. h. einem der Wenigen, die aufrecht geblieben sind und ihr Bestes taten während dieser bösen Jahre, eine Absage senden muß.
Aber es geht nicht anders. Die Verbrechen der Deutschen sind wirklich das Abscheulichste, was die Geschichte der sogenannten zivilisierten Nationen aufzuweisen hat. Die Haltung der deutschen Intellektuellen — als Klasse betrachtet — war nicht besser als die des Pöbels. Nicht einmal Reue und ein ehrlicher Wille zeigt sich, das Wenige wieder gut zu machen, was nach dem riesenhaften Morden noch gut zu machen wäre. Unter diesen Umständen fühle ich eine unwiderstehliche Aversion dagegen, an irgend einer Sache beteiligt zu sein, die ein Stück des deutschen öffentlichen Lebens verkörpert, einfach aus Reinlichkeitsbedürfnis.
Sie werden es schon verstehen und wissen, daß dies nichts zu tun hat mit den Beziehungen zwischen uns Beiden, die für mich stets erfreulich gewesen sind.
Ich sende Ihnen meine herzlichen Grüße und Wünsche für fruchtbare und frohe Arbeit.

Ihr
Albert Einstein.
[16, S. 119]

Nach Gründung der Max-Planck-Gesellschaft bereitete die Finanzierung der Forschung bald ernste Sorgen. Wieder versuchte Hahn in zähen Beratungen mit verschiedenen Gremien der westdeutschen Öffentlichkeit die Hindernisse zu überwinden. Eine starke Abhängigkeit von privaten und staatlichen Geldgebern blieb dabei nicht aus. Im Oktober 1950 konnten die neuen Statuten auf der Hauptversammlung der Gesellschaft verabschiedet werden. Otto Hahn vermochte es jedoch als Präsident der neuformierten Wissenschaftsgesellschaft nicht, dem zunehmenden Einfluß der wiedererstarkten alten Kräfte Einhalt zu gebieten. Zwar wurde die Finanzierung der Max-Planck-Gesellschaft in erster Linie vom Bonner Staat getragen, aber in den wichtigen beschlußfassenden Organen, Senat und Verwaltungsrat, wachten wie ehedem wieder die Vertreter der großen Konzerne, Banken und Aktiengesellschaften über eine ihren Interessen entsprechende Wissenschaftsentwicklung.
Auch im privaten Leben Otto Hahns stellten sich mancherlei Schwierigkeiten ein. Seine Frau Edith mußte des öfteren zur Behandlung in eine Klinik eingewiesen werden, und auch er selbst

13 Otto Hahn im Gespräch mit dem Physiker Professor Dr. Max Steenbeck (1958)

erkrankte mehrmals. Dank seiner eisernen Energie und eines nie versiegenden Humors ließ er sich nicht unterkriegen.
Am Abend des 24. Oktober 1951 überstand er einen Attentatversuch, der glücklicherweise ohne schwerwiegende Folgen blieb. Ein geistesgestörter „Erfinder", dessen vermeintliche Leistung keine Anerkennung fand, hatte ihn vor der Wohnungstür hinterrücks mit einem Viehtötungsapparat angeschossen. Humorvoll schrieb er seinem Freund Walther Gerlach:

Wenn der mich doch mit einem Revolver oder einem Degen ermordet hätte – aber so mit einer Schweinepistole mich abzuschießen! [3, S. 244]

Otto Hahn leitete die Max-Planck-Gesellschaft mit unermüdlichem Arbeitseifer bis zu seinem einundachtzigsten Lebensjahr. Am 19. Mai 1960 trat er die Präsidentschaft an den Biochemiker und Nobelpreisträger Professor Adolf Butenandt ab. Als Ehrenpräsident schenkte er aber auch weiterhin der Entwicklung der Gesellschaft rege Aufmerksamkeit.
Lise Meitner setzte nach dem Krieg in Schweden ihre wissenschaftlichen Arbeiten fort. Die Aufklärung vieler Kernreaktionen mit Neutronen ist ihrem unentwegten Forscherdrang zu

14 Otto Hahn und Fritz Straßmann am Experimentiertisch aus dem Jahre 1938 im Deutschen Museum, München (1962)

verdanken. In einer ihrer letzten größeren Untersuchungen fand sie auf der Grundlage des Schalenmodells der Atomkerne eine interessante Erklärungsmöglichkeit für die unsymmetrische Massenverteilung der Spaltprodukte bei der Kernspaltung.

Viele Reisen in den Nachkriegsjahren führten sie in die alte Heimat nach Wien. Als begeisterte und ausdauernde Wanderin hielt sie sich gern in den österreichischen Bergen auf.

Das Angebot, die Leitung des Otto-Hahn-Instituts in Mainz, der Nachfolgeeinrichtung des Kaiser-Wilhelm-Instituts für Chemie, zu übernehmen, lehnte sie ab. Die Beweggründe für diese Entscheidung teilte sie Otto Hahn in einem Brief vom 6. Juni 1948 mit:

... Jedenfalls glaube ich, daß ich nicht die Stelle in Mainz übernehmen kann. Ich habe wenig Angst vor den ungünstigen Lebensverhältnissen, aber sehr erhebliche Bedenken gegenüber der geistigen Mentalität. Allem, wo ich etwa außerhalb der Physik anderer Meinung sein würde als die Mitarbeiter, würde sicher mit den Worten begegnet werden: Sie versteht natürlich die deutschen Verhältnisse nicht, weil sie Österreicherin ist oder weil sie jüdischer Abstammung ist. Ich habe diese Bedenken auch Straßmann gegenüber betont, und er hat nur mit der Wiederholung seiner Behauptung geantwortet, wie notwendig ich für das Institut wäre. Er hat also meine Bedenken nicht zu widerlegen gewagt.

Das bedeutet, daß ich nicht mit dem Vertrauen der jüngeren Mitarbeiter rechnen könnte, das ich einmal besessen habe und das meiner Meinung nach immer — und heute noch besonders — die wichtigste Grundlage für eine gute Zusammenarbeit ist ... Es würde ein ähnlicher Kampf werden, wie ich ihn in den Jahren 33—38 mit sehr wenig Erfolg geführt habe — und heute ist mir sehr klar, daß ich ein großes moralisches Unrecht begangen habe, daß ich nicht 33 weggegangen bin; denn letzten Endes habe ich durch mein Bleiben doch den Hitlerismus unterstützt. Dieses moralische Bedenken besteht ja heute nicht, aber meine persönliche Situation würde bei der allgemeinen Mentalität nicht sehr verschieden von der damaligen sein und ich würde nicht wirklich das Vertrauen meiner Mitarbeiter haben und daher nicht wirklich von Nutzen sein können ... [38, S. 879]

Mit beklemmenden Gefühlen besuchte Lise Meitner auch ihre einstige Wirkungsstätte. Gemeinsam mit Otto Hahn wohnte sie am 14. März 1959 der Einweihung des „Hahn-Meitner-Instituts für Kernforschung" in Westberlin bei.

Gegen den Mißbrauch der Kernenergie

In klarer Erkenntnis ihrer moralischen Verantwortung als Wissenschaftler setzten sich Otto Hahn und Lise Meitner nach dem zweiten Weltkrieg engagiert für die friedliche Nutzung der Kernenergie ein. Zugleich fühlten sie sich verpflichtet, alles in ihren Kräften stehende zu unternehmen, um die durch die Kernwaffenentwicklung für die Menschheit heraufbeschworenen Gefahren zu bannen. Eindringlich warnten sie immer wieder vor dem Wahnsinn eines nuklearen Krieges. Als 1949 bekannt wurde, daß auch die Sowjetunion über die Atombombe verfüge und das Kernwaffenmonopol der USA gebrochen sei, äußerte Otto Hahn spontan: „Das ist eine gute Nachricht. Jetzt wird es keinen Krieg geben!" [43, S. 260]

Das besorgniserregende Wettrüsten und die Politik des kalten Krieges führten jedoch zu einer weiteren Verschärfung der Spannung zwischen den Militärblöcken. Durch die Weiterentwicklung der „gewöhnlichen" Atombombe zur Wasserstoff- und Kobaltbombe wurde die Zerstörungskraft der Kernwaffen in teuflischer Weise gesteigert. Die humanistischen Wissenschaftler durften die Öffentlichkeit über die ungeheure Bedrohung der Menschheit nicht länger im unklaren lassen. Otto Hahn fühlte sich verpflichtet zu handeln. Mit aller Deutlichkeit mußten die friedliche und humanistische Nutzung der Ergebnisse der Kernforschung und die Gefährdung der Menschen durch den Mißbrauch der Wissenschaft dargelegt werden. Mit der kleinen Broschüre „Kobalt 60 – Gefahr oder Segen für die Menschheit" wurde der erste größere Schritt zur Aufklärung der breiteren Öffentlichkeit vollzogen. Am 13. Februar 1955 sprach Hahn im Nordwestdeutschen Rundfunk zum gleichen Thema. Kurz darauf verlas er den Beitrag in englischer Sprache bei der BBC London. Der Vortrag fand starken Widerhall. Mehrere Zeitungen veröffentlichten den Text. Otto Hahns Bekenntnis für Frieden und atomare Abrüstung löste in aller Welt ein lebhaftes Echo aus. Der Präsident des Weltfriedensrates, sein französischer Kollege Professor Frédéric Joliot-Curie, bekundete in einem Schreiben vom 2. 3. 1955 seine uneingeschränkte Zustimmung:

Einmal mehr haben Sie den Mut bewiesen, den alle Wissenschaftler auf der Höhe ihrer Mission zeigen sollten. Es scheint mir, daß wir jetzt in wichtigen Punkten übereinstimmen. [4, S. 248]

Otto Grotewohl, der Ministerpräsident der Deutschen Demokratischen Republik, führte auf einer Kundgebung in Berlin aus:

Professor Otto Hahn erfüllte eine echte innere Verpflichtung als Mensch und Wissenschaftler, als er am 13. Februar in einem Rundfunkvortrag die Mensch-

15 Otto Hahn und Lise Meitner beim Treffen der Nobelpreisträger in Lindau (1962)

heit vor der Anwendung der Atomwaffe warnte und sie gleichzeitig auf die segensreichen Möglichkeiten zur friedlichen Ausnutzung der Atomenergie hinwies. [4, S. 248]

Die Hauptaufgabe bestand nun darin, die Wirkung dieses ersten öffentlichen Appells nicht abklingen zu lassen. Otto Hahn regte daher an, auf der Lindauer Nobelpreisträgertagung eine gemeinsame Erklärung zu veröffentlichen. Das unter der Bezeichnung „Mainauer Kundgebung" weltweit bekannt gewordene Manifest wurde am 16. Juli 1955 der Presse übergeben. Im Verlauf eines Jahres erklärten sich nicht weniger als 52 Nobelpreisträger, die Hahn um Unterschrift ersucht hatte, mit Inhalt und Ziel des Dokuments einverstanden. Der Aufruf lautet:

Mainauer Kundgebung
der Nobelpreisträger
vom 15. Juli 1955

Wir, die Unterzeichneten, sind Naturforscher aus verschiedenen Ländern, verschiedener Rasse, verschiedenen Glaubens, verschiedener politischer Überzeugung. Äußerlich verbindet uns nur der Nobelpreis, den wir haben entgegennehmen dürfen.

Mit Freuden haben wir unser Leben in den Dienst der Wissenschaft gestellt. Sie ist, so glauben wir, ein Weg zu einem glücklicheren Leben der Menschen. Wir sehen mit Entsetzen, daß eben diese Wissenschaft der Menschheit Mittel in die Hand gibt, sich selbst zu zerstören.

Voller kriegerischer Einsatz der heute möglichen Waffen kann die Erde so sehr radioaktiv verseuchen, daß ganze Völker vernichtet werden. Dieser Tod kann die Neutralen ebenso treffen wie die Kriegsführenden. Wenn ein Krieg zwischen den Großmächten entstünde, wer könnte garantieren, daß er sich nicht zu einem solchen tödlichen Kampf entwickelte? So ruft eine Nation, die sich auf einen totalen Krieg einläßt, ihren eigenen Untergang herbei und gefährdet die ganze Welt.

Wir leugnen nicht, daß vielleicht heute der Friede gerade durch die Furcht vor diesen tödlichen Waffen aufrechterhalten wird. Trotzdem halten wir es für eine Selbsttäuschung, wenn Regierungen glauben sollten, sie könnten auf lange Zeit gerade durch die Angst vor diesen Waffen den Krieg vermeiden. Angst und Spannung haben so oft Krieg erzeugt. Ebenso scheint es uns eine Selbsttäuschung, zu glauben, kleinere Konflikte könnten weiterhin stets durch die traditionellen Waffen entschieden werden. In äußerster Gefahr wird keine Nation sich den Gebrauch irgendeiner Waffe versagen, die die wissenschaftliche Technik erzeugen kann.

Alle Nationen müssen zu der Entscheidung kommen, freiwillig auf die Gewalt als letztes Mittel der Politik zu verzichten. Sind sie dazu nicht bereit, so werden sie aufhören, zu existieren.

Kurt Adler, Köln
Max Born, Bad Pyrmont
Richard Kuhn, Heidelberg
Fritz Lipmann, Boston

Adolf Butenandt, Tübingen
Arthur H. Compton, Saint Louis
Gerhard Domagk, Wuppertal
H. K. von Euler-Chelpin, Stockholm
Otto Hahn, Göttingen
Werner Heisenberg, Göttingen
Georg v. Hevesy, Stockholm
H. J. Muller, Bloomington
Paul Hermann Müller, Basel
Leopold Ruzicka, Zürich
Frederick Soddy, Brighton
W. M. Stanley, Berkeley
Hermann Staudinger, Freiburg
Hideki Yukawa, Kyoto

[3, S. 217]

Der Appell fand in der gesamten friedliebenden Welt Gehör. Abertausende Wissenschaftler wurden sich ihrer gesellschaftlichen Verantwortung immer stärker bewußt. Unter den führenden deutschen Atomforschern herrschte bald Einigkeit darüber, daß dem allgemein gehaltenen Manifest für den Frieden und gegen den Mißbrauch der Wissenschaft gezielte Aktionen folgen sollten. Die politische Entwicklung in der Bundesrepublik Deutschland gab hierfür den konkreten Anlaß. Der Kurs der Regierung unter Konrad Adenauer war unverhohlen auf eine nukleare Bewaffnung der Bundeswehr ausgerichtet. Absicht-

16 Nobelpreisträger in Lindau (1964).
Von links nach rechts:
Max Born, Otto Hahn, Werner Heisenberg, Linus Pauling

lich wurden zur Beschwichtigung der öffentlichen Meinung die damit verbundenen realen Gefahren bagatellisiert.
Werner Heisenberg berichtete:

Dann aber hatte Adenauer in einer öffentlichen Rede davon gesprochen, daß Atomwaffen im Grunde nur eine Verbesserung und Verstärkung der Artillerie darstellten, daß es sich gegenüber der konventionellen Bewaffnung also nur um einen Gradunterschied handelte. Eine solche Darstellung schien uns das Maß des Erträglichen weit zu überschreiten. Denn sie mußte fast zwangsläufig der deutschen Bevölkerung ein völlig falsches Bild von der Wirkung der Atomwaffen vermitteln. Wir fühlten uns also verpflichtet zu handeln . . . [13, S. 306]

Carl Friedrich von Weizsäcker entwarf den Text für die Erklärung, die von den in der Gruppe „Kernphysik" zusammengeschlossenen Göttinger Wissenschaftlern, unter ihnen Otto Hahn, Fritz Straßmann, Werner Heisenberg, Max von Laue und Max Born, unterschrieben wurde. In dieser weltberühmten „Erklärung der 18 Atomwissenschaftler" vom 12. April 1957 wurde nicht nur mit aller Deutlichkeit die verheerende Wirkung von Kernwaffen jeglichen Typs dargestellt, sondern außerdem feierlich versichert, daß keiner der Unterzeichnenden bereit sei, sich an der Herstellung, der Erprobung oder dem Einsatz von Atomwaffen in irgendeiner Weise zu beteiligen. Zugleich erklärten die Wissenschaftler ihre Bereitschaft, die friedliche Anwendung der Kernenergie mit allen Mitteln zu fördern.
Die mutige und entschlossene Aktion der „Göttinger Achtzehn" mußte zwangsläufig zu einem heftigen Zusammenstoß mit der Bundesregierung führen. In besonders ausfälliger Weise reagierte der Verteidigungsminister Franz Josef Strauß. Seine Devise lautete: Die Bundeswehr könne „den Russen nicht mit Pfeil und Bogen gegenüberstehen". [2, S. 231]
Als maßgeblicher Verfechter der Wiederaufrüstung beharrte er starrsinnig darauf, Kernwaffen auf dem Territorium der Bundesrepublik zu lagern. Während einer Besprechung im Bundeskanzleramt kritisierte der Minister Otto Hahn mit scharfen Worten. Aus dem „Triumphgeschrei der Kommunisten" wäre wohl am besten zu ersehen, was angestellt worden sei. Selbst vor persönlichen Beleidigungen schreckte Strauß nicht zurück. Erregt bezeichnete er im Bonner Presseklub Otto Hahn als einen „alten Trottel, der die Tränen nicht halten und nachts nicht schlafen kann, wenn er an Hiroshima denkt". [3, S. 253]

Hahn und seine Kollegen ließen sich davon nicht beeindrucken. Nach langwierigen Verhandlungen zwischen der Bundesregierung und den Kernforschern wurde eine gemeinsame Presseerklärung abgegeben. Die Wissenschaftler waren unbeirrbar ihrem Standpunkt treu geblieben.
Selbst im hohen Alter wurde Otto Hahn nicht müde, jede Gelegenheit zu nutzen, um auf die Gefahr der physischen Vernichtung der Menschheit durch den Mißbrauch der Wissenschaften hinzuweisen. Lebhaft stimmte er daher dem im August 1963 in Moskau unterzeichneten Abkommen über den Stop der Atombombenversuche zu.
In einem Interview mit der tschechoslowakischen Nachrichtenagentur ČTK, das am 5. 8. 1963 auch von der Tageszeitung „Neues Deutschland" veröffentlicht wurde, äußerte Hahn:

> Ich betrachte jedes Gespräch, das zu einer wirklichen Entspannung führen kann, als wünschenswert. Deshalb begrüße ich wärmstens die Einstellung der Kernwaffenversuche in der Atmosphäre, im Kosmos und unter Wasser. Es ist bewiesen, daß die ständig wachsende Zahl solcher Tests auch die Radioaktivität der Luft und des Wassers anwachsen lassen. Ebenso bekannt ist die Tatsache, daß davon ein ungünstiger Einfluß auf die menschliche Gesundheit ausgeht, der sogar zu ernsten erblichen Schäden führen kann. Ich betrachte jeden Schritt zur Verhütung dessen als etwas Gutes. [4, S. 321]

Otto Hahn, Lise Meitner und viele ihrer humanistisch gesinnten Kollegen trugen dazu bei, den Frieden zu sichern. Sie erkannten nicht nur, daß durch den Mißbrauch der Naturwissenschaften Gefahren für die Menschheit heraufbeschworen werden, sondern wiesen Wege, diese Gefahren zu bannen. Ihr Wirken hat die alte Frage nach der moralischen Verantwortung des Wissenschaftlers erneut in ihrer ganzen Tragweite aufgeworfen.

Ehrungen und Auszeichnungen

Die hervorragenden wissenschaftlichen Leistungen von Otto Hahn und Lise Meitner wurden durch eine sehr große Anzahl von Auszeichnungen und Ehrungen im In- und Ausland gewürdigt. Viele wissenschaftliche Akademien wählten die beiden Gelehrten zu Mitgliedern, und zahlreiche Universitäten verliehen ihnen das Ehrendoktorat. Aus der Fülle der akademischen Ehrungen können hier nur einige hervorgehoben werden. Eine Übersicht über die Mitgliedschaft in Wissenschaftlichen Akademien, die Ehrenpromotionen an Universitäten und Hochschulen und die wichtigsten Auszeichnungen wird am Ende dieses Abschnitts gegeben.

Gemeinsam wurden Otto Hahn und Lise Meitner mit der goldenen Max-Planck-Medaille der Deutschen Physikalischen Gesellschaft in der Bundesrepublik geehrt. Die British Chemical Society verlieh Otto Hahn die Faraday-Medaille. Das Geburtsland Lise Meitners, die Republik Österreich, würdigte die große Physikerin durch Überreichung der höchsten wissenschaftlichen Auszeichnungen.

Im Jahre 1955 stifteten die Deutsche Chemische und die Deutsche Physikalische Gesellschaft in der Bundesrepublik Deutschland die mit einem Betrag von 25000,– DM verbundene Otto-

17 Otto Hahn gratuliert Lise Meitner zur Auszeichnung mit dem „Otto-Hahn-Preis für Chemie und Physik" (1955)

Hahn-Medaille. Sie wurde erstmals Lise Meitner und dem Chemiker Heinrich Wieland zuerkannt. Otto Hahn überreichte die hohe Auszeichnung seiner alten Kollegin persönlich. Die Urkunde hatte folgenden Wortlaut:

Der Otto-Hahn-Preis für Chemie und Physik wird im Jahre 1955, im Jahre der Stiftung, an erster Stelle verliehen an Professor Dr. Lise Meitner als Auszeichnung für ihr Lebenswerk.
Diese Auszeichnung gilt gleichermaßen der Forscherin und dem Menschen, zumal bei ihr beides unlösbar verbunden ist.
Bei voller Wahrung ihrer Selbständigkeit hat sie ein Menschenalter hindurch in vorbildlicher geistiger Ergänzung mit Otto Hahn gemeinsam die Lehre von der Radioaktivität mächtig vorangetrieben. Sie hat nach der Lösung dieser Verbindung durch politischen Druck als Erste die physikalische Deutung der Uranspaltung gegeben und auf den damit zu erzielenden Energiegewinn hingewiesen.
Durch alles dies hat sie sich einen dauernden Platz in der Geschichte der Physik und Chemie gesichert. [26, S. 501]

Nach der Überreichung der Medaille meinte Otto Hahn mit einem Augenzwinkern zu Lise Meitner:

Nun, liebe Lise, ich gebe den Namen, aber Du kriegst das Geld. Jetzt kannst Du mich ja mal zu 'nem Bier einladen! [3, S. 245]

Am 8. März 1959 vollendete Otto Hahn in erstaunlicher körperlicher und geistiger Frische das 80. Lebensjahr. Neben zahlreichen Ehrungen überreichte ihm die Max-Planck-Gesellschaft die goldene Harnack-Medaille. Die Akademie der Wissenschaften der DDR verlieh ihrem langjährigen Mitglied ebenfalls die höchste Auszeichnung. Aus der Hand von Akademiepräsident Werner Hartke erhielt der Jubilar die Helmholtz-Medaille, die zum letztenmal 1919 Wilhelm Conrad Röntgen empfangen hatte.
Zwei Jahre vor dem Tode Otto Hahns und Lise Meitners sollte die Entdeckung der Kernspaltung noch eine späte Würdigung erfahren. Im August 1966 erreichte die beiden Wissenschaftler die Nachricht, daß ihnen gemeinsam mit Fritz Straßmann von der USA-Atomenergiekommission eine der höchsten amerikanischen wissenschaftlichen Auszeichnungen, der Enrico-Fermi-Preis, zuerkannt worden sei. Leider war Lise Meitner altershalber nicht mehr in der Lage, zur Entgegennahme der Aus-

zeichnung in ihre Vaterstadt Wien zu reisen. An Otto Hahn schrieb sie die Zeilen:

Die Zuteilung des Enrico-Fermi-Preises an Dich, Straßmann und mich ist für mich eine große Überraschung, über die ich mich für Euch beide aufrichtig freue. Bei mir sind die Gefühle etwas gemischter Art. Aber in gewisser Hinsicht habe ich doch auch eine Art Freude darüber ... [38, S. 890].

18 Fritz Straßmann (1976)

Trotz hoher und höchster Auszeichnungen und Ehrungen blieben Otto Hahn und Lise Meitner die bescheidenen und einfachen Menschen, die sie zeitlebens gewesen waren. Mehr als einmal versuchte Otto Hahn, neue Ehrungen und öffentliche Lobpreisungen mit den Worten: „ach, tun Sie mir nicht zuviel Ehre an, ich bin nur ein einfacher Chemiker" abzuschwächen.

Übersicht

OTTO HAHN

Mitgliedschaft in Wissenschaftlichen Akademien

Allahabad (Indien), Bangalore (Indien), Berlin (DDR), Boston (USA), Bukarest, Göttingen, Halle, Helsinki, Kopenhagen, Lissabon, Madrid, Mainz, München, Rom (Vatikan), Stockholm, Wien

Ehrendoktorate

Universität Cambridge (England), Technische Hochschule Darmstadt, Universität Frankfurt/Main, Universität Göttingen (Dr. rer. nat. h. c. und Dr. med. h. c.), Technische Hochschule Stuttgart

Auszeichnungen

Emil-Fischer-Medaille, Verein Deutscher Chemiker (BRD)
Cannizzaro-Preis, Königliche Römische Akademie der Wissenschaften
Kopernikus-Preis, Universität Königsberg
Cothenius-Medaille, Deutsche Akademie der Naturforscher Leopoldina zu Halle
Nobelpreis für Chemie 1944
Max-Planck-Medaille, Deutsche Physikalische Gesellschaft (BRD)
Mitglied des Ordens Pour le mérite – Friedensklasse (BRD)
Goldene Paracelsus-Medaille, Schweizerische Chemische Gesellschaft
Harnack-Medaille in Bronze und Gold, Max-Planck-Gesellschaft (BRD)
Goethe-Medaille der Stadt Frankfurt/Main
Großkreuz des Verdienstordens der BRD
Faraday-Medaille, Britische Chemische Gesellschaft
Helmholtz-Medaille, Akademie der Wissenschaften der DDR
Enrico-Fermi-Preis, USA-Atomenergiekommission
Silberne Senckenberg-Medaille, Senckenbergische Naturforschende Gesellschaft, Frankfurt/Main

LISE MEITNER

Mitgliedschaft in Wissenschaftlichen Akademien

Berlin (DDR), Göteborg, Göttingen, Halle, Kopenhagen, London, Oslo, Stockholm, Wien

Ehrendoktorate

Adelphi College, Universität Rochester, Rutgers Universität, Smith College, Universität Stockholm

Auszeichnungen

Leibniz-Medaille, Preußische Akademie der Wissenschaften Berlin
Lieben-Preis, Akademie der Wissenschaften Wien
Ellen Richards Preis, USA

Preis für Wissenschaft und Kunst der Stadt Wien
Max-Planck-Medaille, Deutsche Physikalische Gesellschaft (BRD)
Otto-Hahn-Preis, Deutsche Physikalische Gesellschaft und Deutsche Chemische Gesellschaft (BRD)
Mitglied des Ordens Pour le mérite — Friedensklasse (BRD)
Schlozer-Medaille, Universität Göttingen
Enrico-Fermi-Preis, USA-Atomenergiekommission

Die letzten Lebensjahre von Otto Hahn und Lise Meitner

Otto Hahn und Lise Meitner verfolgten auch nach Überschreitung des 80. Lebensjahres die Entwicklung ihrer Wissenschaft mit wachem Interesse. Die Fortschritte bei der friedlichen Anwendung der Kernspaltung erfüllten sie mit Freude und Genugtuung. In den Jahren 1954 und 1957 war der Traum von der Kernenergiegewinnung zum Wohle des Menschen mit der Inbetriebnahme des ersten Kernkraftwerks der Welt in Obninsk bei Moskau und dem Stapellauf des nuklear angetriebenen sowjetischen Eisbrechers „Lenin“ Wirklichkeit geworden. Viele Länder begannen mit dem Bau von Kernanlagen. Am 13. Juni 1964 konnte der Entdecker der Kernspaltung dem Stapellauf des ersten Nuklearfrachters der BRD, der „Otto Hahn“, in Kiel persönlich beiwohnen. Die USA stellten das mit einem Kernreaktor ausgestattete Handelsschiff „Savannah“ in Dienst.
Als Ehrenpräsident der Max-Planck-Gesellschaft wurden Otto Hahn manche Vergünstigungen gewährt. In seiner einfachen und bescheidenen Art machte er nur wenig davon Gebrauch. Meistens verzichtete er auf seinen vornehmen Dienstwagen und legte den Weg von der Wohnung zur alten Arbeitsstätte zu Fuß zurück. Im Sommer 1960 traf ihn unvermittelt ein schwerer Schicksalsschlag. Auf einer Autofahrt durch Frankreich verunglückten sein einziger Sohn Hanno und seine Schwiegertochter tödlich. Hahn legte alle Ämter nieder. Mit bewundernswerter Fassung verbarg er den tiefen Schmerz. Er gab nicht auf. Bei den verschiedensten Anlässen trat er noch immer ans Rednerpult. Bereitwillig folgte er den Einladungen zum regelmäßigen Treffen der Nobelpreisträger in Lindau. Im Alter von 87 Jahren entschloß er sich zu einer letzten größeren Reise, die ihn in die benachbarte ČSSR führte. Den Anlaß hierfür bot

der 450. Jahrestag der Gründung von Jachymov (Joachimsthal) und das sechzigjährige Bestehen des Radiumbades. Als gefeierter Gast der Tschechoslowakischen Akademie der Wissenschaften wohnte er der Enthüllung eines Curie-Denkmales bei.

Mit 89 Jahren erkrankte Otto Hahn ernsthaft. Nach dreimonatigem Aufenthalt in einer Göttinger Klinik verstarb er am

19 Otto Hahn und der tschechoslowakische Kernphysiker Professor Dr. František Běhounek während der Feierlichkeiten anläßlich des 450. Jahrestages der Stadt Jachymov (Joachimsthal) und des 60jährigen Bestehens des Radiumbades

28. Juli 1968 an Kreislaufschwäche und Herzversagen. Seine Frau überlebte ihn nur wenige Tage.

Lise Meitner trat mit 82 Jahren in den Ruhestand. Nach der Emeritierung übersiedelte sie 1960 von Schweden zu ihrem Neffen Otto Robert Frisch nach Cambridge (England), um im Alter nicht allein zu sein. In der Laudatio zum 85. Geburtstag zitierte ihr alter Weggefährte Otto Hahn einen Ausspruch Fritz Habers, wonach sich der Lebensweg eines Forschers in drei Etappen vollziehe: Werden, Sein, Bedeuten. Er schrieb ihr:

Dein *Werden* war die Holzwerkstatt in Berlin. Dein *Sein* war der Aufbau Deiner großen Kernphysikalischen Abteilung im Kaiser-Wilhelm-Institut Dahlem mit den vielen Schülern aus dem Inland und Ausland. Dein *Bedeuten* zeigt Dir die heutige Anerkennung der Welt. [28, S. 654]

In ihrem 86. Lebensjahr reiste Lise Meitner noch einmal in die USA. Auch Berlin stattete sie 1964 einen letzten Besuch ab. Im Magnushaus am Kupfergraben, dem Sitz der Physikalischen Gesellschaft der DDR, wohnte sie gemeinsam mit zwei alten Kollegen aus ihrer Berliner Zeit, Gustav Hertz und James Franck, einem physikalischen Kolloquium bei. Wenige Monate nach Otto Hahn verstarb Lise Meitner, fast neunzigjährig, am 27. Oktober 1968 in Cambridge.

Der hervorragenden wissenschaftlichen Leistungen und zutiefst humanistischen Haltung Otto Hahns und Lise Meitners wurde in zahllosen Nachrufen und feierlichen Vorträgen gedacht. Ihre fruchtbringende Zusammenarbeit gipfelte Ende der dreißiger Jahre in der folgenschwersten Entdeckung dieses Jahrhunderts. Wohl keiner hat es verstanden, das sich so glücklich ergänzende Wesen der beiden großen Gelehrten besser zu charakterisieren als Werner Heisenberg In seinen „Gedenkworten für Otto Hahn und Lise Meitner" schrieb er 1968:

Hahn hatte seine Erfolge vor allem, so scheint es mir, seinen charakterlichen Qualitäten zu danken. Seine unermüdliche Arbeitskraft, sein eiserner Fleiß im Erwerben neuer Kenntnisse, seine unbestechliche Ehrlichkeit erlaubten ihm, noch genauer und gewissenhafter zu arbeiten, noch selbstkritischer über die meisten Versuche zu denken, noch mehr Kontrollen durchzuführen als die meisten anderen, die in das Neuland der Radioaktivität eindrangen. Lise Meitners Beziehung zur Wissenschaft war etwas anders. Sie fragte nicht nur nach dem „Was", sondern auch nach dem „Warum". Sie wollte verstehen. sie wollte den Naturgesetzen nachspüren, die in diesem neuen Gebiet am Werke waren. Ihre Stärke war also die Fragestellung und dann die Deutung des angestellten Versuchs. [38, S. 884]

Ausblick

Durch ihre Arbeiten und Entdeckungen haben Otto Hahn und Lise Meitner den Weg zur Erschließung der Kernenergie gewiesen.
Der militärische Mißbrauch dieser Energie würde in einer Katastrophe unvorstellbaren Ausmaßes zum Ende unserer Zivilisation führen.
Die friedliche Nutzung nuklearer Energiequellen kann andererseits den Energiebedarf der Menschheit über Jahrtausende befriedigen. Bei wachsenden Bevölkerungszahlen auf der Erde bedeutet das Leben ohne Hunger und Not.

Die Vorräte an Kohle, Erdöl und Erdgas sind begrenzt. Zudem würden bei der übermäßigen Verbrennung dieser fossilen Energieträger, die zu den wertvollsten Chemierohstoffen zählen, so große Mengen Kohlendioxid in die Atmosphäre entweichen, daß globale Klimaänderungen zu befürchten sind. Gründliche Analysen haben ergeben, daß die regenerativen Energiequellen Sonne, Wind, Wasser und Erdwärme beim gegenwärtigen Stand der Technik den Weltenergiebedarf nicht zu decken vermögen. Der Menschheit bleibt ein einziger Weg: Nur mit Hilfe von Kernenergieanlagen kann die Energieversorgung gesichert werden.
Kernkraftwerke liefern zur Zeit mehr als 15 % der gesamten elektrischen Energie, die auf der Erde produziert wird. In einigen Ländern liegt der Anteil der Kernenergie schon bei 50 bis 70 %.
In den nächsten Jahrzehnten wird die Erzeugung von Elektroenergie mit Kernspaltungsreaktoren weiter anwachsen. Eine wichtige Rolle soll auch die nukleare Wärmeversorgung spielen.
Die gründliche Analyse der Reaktorhavarien von Tschernobyl und Three-Mile-Islands hat ergeben, daß das bisherige Konzept der Reaktorsicherheit grundsätzlich richtig ist. Beide Unfälle wurden durch das Fehlverhalten des Betriebspersonals verursacht und hätten vermieden werden können. Alle Sicherheitsbemühungen, die auch eine verstärkte internationale Zusammenarbeit bei der Qualifizierung des Betriebspersonals von Kernenergieanlagen

einschließen, sind auf das Ziel gerichtet, derartige Havarien in Zukunft unmöglich zu machen. Der Reaktorunfall im sowjetischen Kernkraftwerk Tschernobyl sollte nicht bagatellisiert werden. Eingehende Studien haben aber ergeben, daß selbst für die im Umkreis von 3 bis 15 km wohnende Bevölkerung durch eine regelmäßige Gesundheitskontrolle das Risiko gesundheitlicher Folgen kompensiert werden kann. Für alle außerhalb der 15-km-Zone wohnenden Menschen liegt die Strahlenbelastung durch den Tschernobyl-Unfall innerhalb der Schwankungen des natürlichen Strahlungspegels, so daß sich kaum Langzeitwirkungen auf die Gesundheit in den nächsten 70 Jahren feststellen lassen werden. Angesichts dieser Prognose muß man dem Generaldirektor der Internationalen Atomenergieorganisation (IAEO), Dr. Hans Blix, zustimmen, der auf der Generalversammlung der Vereinten Nationen im November 1986 in New York ausführte:

Man kann mit Fug und Recht behaupten, daß mit der gravierenden Ausnahme von Tschernobyl die Gefahren der Kernenergieerzeugung für Gesundheit und

20 Otto Hahn an seinem 89. Geburtstag am 8. März 1968

Umwelt hypothetisch geblieben sind, während der tagtägliche Gebrauch von Kohle und Erdöl zur Stromerzeugung die schwerwiegendsten Auswirkungen auf die Umwelt hat ... Die Kernenergie wird uns den Übergang von der Energiegewinnung aus Erdöl zu einer anderen Energieform erleichtern, vielleicht zur Sonnenenergie oder zur Kernfusion. Aber diese neuartigen Energiequellen sind nicht sofort verfügbar für die hohe zusätzliche Energieerzeugung, die die Menschen benötigen werden, um den Lebensstandard zu heben und den Fortschritt voranzutreiben. [52, S. 226]

Die Entdeckung der Kernspaltung durch Otto Hahn, Lise Meitner und Fritz Straßmann hat aber nicht nur zur Entwicklung der Kernenergietechnik geführt. Es wird oft übersehen, daß durch den Bau von Kernreaktoren auch die Erzeugung künstlich radioaktiver Nuklide in großer Auswahl und nahezu beliebiger Menge möglich wurde.

Es ist ebenso ein Verdienst dieser drei Wissenschaftler, daß die Verfahren der Angewandten Radioaktivität in alle Bereiche der Naturwissenschaften, Technik, Medizin und Landwirtschaft Eingang gefunden haben. Meßmethoden und Bestrahlungsverfahren unter Verwendung von Radionukliden zeichnen sich gegenüber herkömmlichen Verfahren durch eine hohe Wirtschaftlichkeit aus. Technische Prozesse können mit Hilfe von Strahlungsquellen besser überwacht, gesteuert und geregelt werden. Einsparungen an Material und Arbeitszeit sind die Folge. Wenn konventionelle Verfahren versagen, eröffnen Radionuklide oft die einzige Untersuchungsmöglichkeit. Durch Bestrahlung ist es möglich, die Eigenschaften mancher Produkte entscheidend zu verbessern. In der Nuklear- und Strahlenmedizin hat die Anwendung radioaktiver Nuklide zu einer wesentlichen Verbesserung der Diagnostik und Therapie geführt.

Die Zahl der Anwendungsmöglichkeiten ist heute kaum noch zu überschauen. Man kann mit Recht vermuten, daß sich auch künftig die Angewandte Radioaktivität für die Lösung unzähliger Aufgaben in Wissenschaft und Technik als ein wertvolles Werkzeug bewähren wird.

Chronologie

1878 7. November. Lise Meitner in Wien geboren.
1879 8. März. Otto Hahn in Frankfurt am Main geboren.
1895 8. November. Entdeckung der Röntgenstrahlung.
1896 Henri Becquerel entdeckt in Paris die Radioaktivität.
1897 Hahn nimmt an der Universität Marburg das Studium der Chemie auf.
1898 Marie Skłodowska-Curie und Pierre Curie entdecken die radioaktiven Elemente Polonium und Radium.
1901 Lise Meitner beginnt das Physikstudium an der Universität Wien. Vorlesungen bei Ludwig Boltzmann.
Otto Hahn promoviert an der Universität Marburg mit einer Dissertation in organischer Chemie „Über Bromderivate des Isoeugenols".
1902 22. Februar. Fritz Straßmann in Boppard (Rheinland) geboren.
Otto Hahn nimmt eine zweijährige Tätigkeit als Vorlesungsassistent bei Theodor Zincke am Chemischen Institut der Universität Marburg auf.
1904 Otto Hahn reist nach London und wird Mitarbeiter am Institut von Sir William Ramsay.
1905 Otto Hahn entdeckt in London das Radiothorium (^{228}Th).
Reise nach Montreal (Kanada). Arbeit bei Ernest Rutherford.
Entdeckung des Radioactiniums (^{227}Th) und des Thoriums C′ (^{212}Po).
1906 Lise Meitner promoviert an der Universität Wien. Titel der Dissertation: „Wärmeleitung in inhomogenen Körpern".
Rückkehr Otto Hahns nach Deutschland. Beginn der Arbeiten bei Emil Fischer in der „Holzwerkstatt" des Chemischen Instituts der Berliner Universität.
Lise Meitner arbeitet bei Stefan Meyer in Wien an Problemen der Radioaktivität.
1907 Otto Hahn habilitiert an der Universität Berlin. Entdeckung der radioaktiven Nuklide Mesothorium I (^{228}Ra) und Mesothorium II (^{228}Ac).
Lise Meitner besucht die Vorlesungen von Max Planck in Berlin. Begegnung mit Otto Hahn. Beginn der 30jährigen Zusammenarbeit und lebenslangen Freundschaft.
1909 Otto Hahn und Lise Meitner entdecken gemeinsam den radioaktiven Rückstoß sowie das Nuklid ThC″ (^{208}Tl).
1910 Otto Hahn wird an der Universität Berlin zum a. o. Professor für Chemie ernannt. Er trifft in Paris mit Marie Curie zusammen.
1911 Vorschlag eines Atommodells durch Ernest Rutherford.
1912 bis 1915 Lise Meitner wirkt als Assistentin bei Max Planck.
1912 Einweihung des Kaiser-Wilhelm-Instituts für Chemie in Berlin-Dahlem.

Otto Hahn übernimmt die Abteilung für Radioaktivität. Lise Meitner arbeitet am gleichen Institut als unbezahlter Gast.

1913 Frederick Soddy entdeckt die Erscheinung der Isotopie
Otto Hahn heiratet die Kunststudentin Edith Junghans.

1914 Lise Meitner wird wissenschaftliches Mitglied des Kaiser-Wilhelm-Instituts für Chemie.
1. August. Ausbruch des 1. Weltkrieges.

1915 Einweisung Otto Hahns in die von Fritz Haber geleitete Spezialtruppe für den Gaskampf. Lise Meitner arbeitet als Röntgenschwester in der österreichischen Armee.

1917 Otto Hahn und Lise Meitner entdecken in Berlin das chemische Element Nr. 91, Protactinium.

1918 Lise Meitner übernimmt die Leitung der radiophysikalischen Abteilung am Kaiser-Wilhelm-Institut für Chemie.

1919 Lise Meitner wird zum Professor ernannt.
Rutherford entdeckt die erste künstliche Kernreaktion $^{14}_{7}N(\alpha, p)\,^{17}_{8}O$.

1921 Otto Hahn entdeckt am Nuklidpaar UZ (^{234}Pa) und UX_2($^{234}Pa^{m}$) das erste Beispiel einer Kernisomerie.

1922 Habilitation Lise Meitners. Thema der Habilitationsschrift: „Über die Entstehung der Betastrahl-Spektren radioaktiver Substanzen".
Otto Hahn entwickelt die „Emaniermethode".

1923 Otto Hahn begründet die Rubidium-Strontium-Methode zur geologischen Altersbestimmung.

1925 Lise Meitner erkennt, daß die γ-Strahlung stets nach der Emission von α- und β-Teilchen vom Tochterkern ausgesandt wird.

1926 Ernennung Lise Meitners zum nichtbeamteten außerordentlichen Professor an der Universität Berlin.

1928 Ernennung Otto Hahns zum Direktor des Kaiser-Wilhelm-Instituts für Chemie.

1932 James Chadwick entdeckt das Neutron und Carl David Anderson das Positron.

1933 Machtergreifung Hitlers.
Lise Meitner wird aus rassischen Gründen die Lehrbefugnis an der Universität Berlin entzogen.

1934 Irene Curie und Frédéric Joliot entdecken die künstliche Radioaktivität.
4. Juli. Marie Curie stirbt in Paris.
Otto Hahn scheidet aus der Berliner Universität aus. Er weigert sich, der NSDAP beizutreten.
Otto Hahn und Lise Meitner nehmen am Mendelejew-Kongreß in Leningrad und Moskau teil.
Enrico Fermi und seine Mitarbeiter bestrahlen zahlreiche Elemente mit Neutronen und veröffentlichen die Entdeckung vermeintlicher Transuraniumelemente.

1935 bis 1938 Otto Hahn, Lise Meitner und Fritz Straßmann wiederholen die Bestrahlungsversuche Fermis.

1938 Juli. Lise Meitner muß das faschistische Deutschland illegal verlassen und emigriert nach Schweden.

Dezember. Otto Hahn und Fritz Straßmann entdecken die Kernspaltung des Uraniums und Thoriums.

1939 Lise Meitner und Otto Robert Frisch geben eine erste theoretische Deutung des Spaltungsprozesses und schätzen die freiwerdende Energie ab.
Forschergruppen in Frankreich, der Sowjetunion und in den USA gelingt unabhängig voneinander der Nachweis der Spaltungsneutronen.
Niels Bohr, John A. Wheeler und Jakow I. Frenkel arbeiten auf der Grundlage des Tröpfchenmodells die Theorie der Kernspaltung aus.
1. September. Beginn des 2. Weltkrieges.

1940 Georgi N. Flerow und Konstantin A. Petrshak entdecken in Moskau die spontane Kernspaltung.

1942 2. Dezember. Enrico Fermi und seine Mitarbeiter setzen in Chicago den ersten Kernreaktor in Gang.

1945 8. Mai. Bedingungslose Kapitulation des faschistischen Deutschlands.
Internierung Otto Hahns zusammen mit neun deutschen Physikern in England.
16. Juli. Versuchsexplosion einer amerikanischen Kernspaltungsbombe in der Wüste von New Mexico.
6. und 9. August. Abwurf von zwei Kernspaltungsbomben der USA auf Hiroshima und Nagasaki.

1946 Unter der Leitung von Igor Kurtschatow wird der erste sowjetische Kernreaktor in Betrieb genommen.
Lise Meitner weilt zu Gastvorlesungen an der Catholic University in Washington. Die amerikanische Presse wählt sie zur „Frau des Jahres".
10. Dezember. Otto Hahn empfängt in Stockholm den Nobelpreis für Chemie des Jahres 1944.

1947 Lise Meitner wird Leiterin eines Forschungslabors am Königlichen Institut für Technologie der Schwedischen Atomenergie-Kommission.

1948 Otto Hahn übernimmt die Präsidentschaft der Max-Planck-Gesellschaft.

1949 Zündung der ersten sowjetischen Kernspaltungsbombe. Brechung des USA-Kernwaffenmonopols.

1952 Versuchsexplosion der ersten US-amerikanischen Wasserstoffbombe.

1953 Lise Meitner übernimmt in Stockholm eine beratende Tätigkeit am Forschungsreaktor der Königlichen Akademie der Ingenieurwissenschaften (Direktor: Sigvard Eklund).
Versuchsexplosion der ersten sowjetischen Wasserstoffbombe.

1954 In Obninsk bei Moskau wird das erste Kernkraftwerk der Welt in Betrieb genommen.

1955 13. November. Otto Hahn hält die vielbeachtete Rundfunkrede „Cobalt 60 — Gefahr oder Segen für die Menschheit".
15. Juli. Otto Hahn regt die „Mainauer Kundgebung" der Nobelpreisträger gegen den Mißbrauch der Kernenergie an.
12. September. Erstmalige Verleihung des Otto-Hahn-Preises an Lise Meitner und Heinrich Wieland.

1957 12. April. Veröffentlichung der „Erklärung der 18 Atomwissenschaftler" gegen die atomare Bewaffnung der Bundeswehr.

5. Dezember. In der Sowjetunion läuft das erste zivile Nuklearschiff, der Eisbrecher „Lenin“, vom Stapel.

1960 19. Mai. Otto Hahn übergibt die Präsidentschaft der Max-Planck-Gesellschaft an den Biochemiker Adolf Butenandt.

Lise Meitner tritt in den Ruhestand und übersiedelt nach Cambridge (England).

1962 Hahns erste Autobiographie „Vom Radiothor zur Uranspaltung“ erscheint.

1964 13. Juni. Otto Hahn nimmt am Stapellauf des nuklear angetriebenen Handelsschiffes „NS Otto Hahn“ in Kiel teil.

1966 Verleihung des Enrico-Fermi-Preises der USA-Atomenergiekommission an Otto Hahn, Lise Meitner und Fritz Straßmann.

Juni. Otto Hahn reist in die ČSSR. In Jachymov (Joachimsthal) wohnt er der Enthüllung eines Curie-Denkmales bei.

1968 28. Juli. Otto Hahn stirbt im Alter von 89 Jahren in Göttingen.

August. Hahns zweite Autobiographie „Mein Leben“ erscheint.

27. Oktober. Lise Meitner stirbt im Alter von 89 Jahren in Cambridge.

1970 November. Das von sowjetischen und finnisch-amerikanischen Wissenschaftlern gleichzeitig erzeugte Transuraniumelement Nr. 105 erhält den Namen Hahnium.

1979 21. September. Otto Robert Frisch stirbt im Alter von 74 Jahren in Cambridge.

1980 22. April. Fritz Straßmann stirbt im Alter von 78 Jahren in Mainz.

Literatur (Auswahl)

1. Bücher

[1] Hahn, O.: Vom Radiothor zur Uranspaltung. Braunschweig 1962.
[2] Hahn, O.: Mein Leben. München 1968.
[3] Hahn, D. (Hrsg.): Otto Hahn – Erlebnisse und Erkenntnisse. Düsseldorf, Wien 1975.
[4] Hahn, D.: Otto Hahn – Begründer des Atomzeitalters. München 1980.
[5] Baumer, F.: Otto Hahn. Berlin 1974.
[6] Berninger, E.: Otto Hahn – Eine Bilddokumentation. München 1969.
[7] Berninger, E.: Otto Hahn. Reinbeck bei Hamburg 1974.
[8] Clark, R. W.: Albert Einstein. München 1973.
[9] Frisch, O. R., Paneth, F. A., Laves, F., Rosbaud, P.: Beiträge zur Physik und Chemie des 20. Jahrhunderts. Braunschweig 1959.
[10] Frisch, O. R.: Woran ich mich erinnere, Physik und Physiker meiner Zeit 1904–1979. Stuttgart 1981.
[11] Gerlach, W.: Otto Hahn – Ein Forscherleben unserer Zeit. München 1969.
[12] Groves, L. R.: Jetzt darf ich sprechen. Köln, Berlin 1965.
[13] Heisenberg, W.: Der Teil und das Ganze. München 1969.
[14] Hermann, A.: Max Planck. Reinbeck bei Hamburg 1973.
[15] Hermann, A.: Werner Heisenberg. Reinbeck bei Hamburg 1976.
[16] Hermann, A.: Die Neue Physik – Zum Gedenken an Albert Einstein, Max von Laue, Otto Hahn, Lise Meitner. München 1979.
[17] Herneck, F.: Bahnbrecher des Atomzeitalters. Berlin 1978.
[18] Hoffmann, K.: Otto Hahn – Stationen aus dem Leben eines Atomforschers. Berlin 1978.
[19] Krafft, F.: Im Schatten der Sensation – Leben und Wirken von Fritz Straßmann. Weinheim 1981.
[20] Wohlfahrth, H. (Hrsg.): 40 Jahre Kernspaltung – Eine Einführung in die Originalliteratur. Darmstadt 1979.
[21] Seelig, C. (Hrsg.): Helle Zeit – Dunkle Zeit. Zürich, Stuttgart, Wien 1956.
[22] Shea, W. R. (Hrsg.): Otto Hahn and the Rice of Nuclear Physics. Dordrecht, Boston, Lancaster 1983.

2. Zeitschriftenartikel und Aufsätze

[23] Gentner, W.: Otto Hahn – ein Forscherleben. Acta Historica Leopoldina Nr. 14 (1980) 31.
[24] Gerlach, W.: Otto Hahn 85 Jahre alt. Naturwiss. Rdsch. 17 (1964) 85.
[25] Hahn, O.: Lise Meitner 70 Jahre. Z. Naturforsch. A 3 (1948) 425.
[26] Hahn, O.: Lise Meitner 80 Jahre. Z. Naturwiss. 45 (1958) 501.
[27] Hahn, O.: Die „falschen" Trans-Urane – zur Geschichte eines wissenschaftlichen Irrtums. Naturwiss. Rdsch. 15 (1962) 43.
[28] Hahn, O.: Lise Meitner 85 Jahre. Naturwiss. 50 (1963) 653.

[29] Hahn, O.: Erinnerung an einige Arbeiten – anders geplant als verlaufen. Naturwiss. Rdsch. 18 (1965) 86.

[30] Herneck, F.: Über die Stellung von Lise Meitner und Otto Hahn in der Wissenschaftsgeschichte. Z. Chem. 20 (1980) 237.

[31] Herneck, F.: Erinnerungen an Lise Meitner. Die Weltbühne 7. 11. 1978, S. 1421.

[32] Herneck, F.: Otto Hahn – Zu seinem 90. Geburtstag. Physik in der Schule 7 (1969) 105.

[33] Hoffmann, D.: Liebe zu den „unweiblichen" Naturwissenschaften – Zum 100. Geburtstag von Akademiemitglied Lise Meitner. Spektrum Heft 11 (1978) 10.

[34] Karlik, B.: In memoriam Lise Meitner. Phys. Bl. 35 (1979) 49.

[35] Keller, C.: Der Weg zur Kernspaltung. Naturwiss. Rdsch. 31 (1978) 489.

[36] Kleinert, A.: Vom Trieb zur theoretischen Physik. Eine Stellungnahme Plancks zur Frage des Frauenstudiums. Phys. Bl. 34 (1978) 31.

[37] Koch, H.: 40 Jahre Kernspaltung. Zum 100. Geburtstag von Otto Hahn. Isotopenpraxis 15 (1979) 193.

[38] Krafft, F.: Lise Meitner und ihre Zeit – Zum hundertsten Geburtstag der bedeutenden Naturwissenschaftlerin. Angew. Chem. 90 (1978) 876.

[39] Krafft, F.: Ein frühes Beispiel interdisziplinärer Teamarbeit (I) und (II) – Zur Entdeckung der Kernspaltung durch Hahn, Meitner, Straßmann. Phys. Bl. 36 (1980) 85 und 113.

[40] Meitner, L.: Wege und Irrwege zur Kernenergie. Naturwiss. Rdsch. 16 (1963) 167.

[41] Meitner, L.: Einige Erinnerungen an das Kaiser-Wilhelm-Institut für Chemie in Berlin-Dahlem. Naturwiss. 41 (1954) 97.

[42] Meitner, L.: Otto Hahn zum 85. Geburtstag. Naturwiss. 51 (1964) 97.

[43] Melcher, H.: Zwischen Chemie und Physik: Otto Hahn. Wiss. Fortschr. 29 (1979) 256.

[44] Melcher, H.: „. . . Es ist nämlich etwas bei den ‚Radiumisotopen' . . ." Wiss. Fortschr. 29 (1979) 2.

[45] Straßmann, F.: Zur Erforschung der Radioaktivität – Lise Meitner zum 75. Geburtstag. Angew. Chem. 66 (1954) 93.

[46] Straßmann, F.: Friedliche Chemie der Atomkerne. Mainzer Universitätsreden, Heft 14. Mainz 1949.

[47] Thießen, P. A.: Otto Hahn – persönliche Begegnungen. Spektrum Heft 3 (1979) 22.

[48] Vormum, G.: Zum wissenschaftlichen Werk von Lise Meitner und Otto Hahn. Z. Chem. 20 (1980) 243.

[49] Zimen, K. E.: Otto Hahn, Lise Meitner und die Kernspaltung im Ausblick auf die Zukunft. Phys. Bl. 35 (1979) 200.

[50] In Memoriam Fritz Straßmann. Privatdruck. Mainz 1980.

[51] Erinnerungen an Otto Hahn. Freie Universität Berlin. Universitätsreden, Heft 4. Berlin 1983.

[52] Anonym: Die Kernkraft bedarf der internationalen Solidarität und Zusammenarbeit – Ansprache von Dr. Hans Blix, IAEO-Generaldirektor, vor der Generalversammlung der Vereinten Nationen. Kernenergie 30 (1987) 226.

Personenregister

Abelson, Philipp H. (geb. 1913) 42
Adenauer, Konrad (1876–1967) 76, 77
Alder, Kurt (1902–1958) 75
Alexandrow, Anatoli P. (geb. 1903) 87
Anderson, Carl David (geb. 1905) 33, 90

Baeyer, Adolf von (1835–1917) 12
Baeyer, Otto von (1877–1946) 22, 30
Barkhausen, Heinrich (1881–1956) 12
Becquerel, Henri (1852–1908) 8, 89
Běhounek, František (1898–1973) 84
Blackett, Patrick M. S. (1897–1974) 32
Bohr, Niels (1885–1962) 31, 41, 45, 49, 53, 91
Boltwood, Bertram B. (1870–1927) 14, 19
Boltzmann, Ludwig (1844–1906) 15, 16, 17, 89
Bonhoeffer, Carl Friedrich (1899 bis 1957) 39
Borchers, Georg Wilhelm (1864 bis 1929) 32
Born, Hans-Joachim (geb. 1909) 57
Born, Max (1882–1970) 75, 76, 77
Bosch, Carl (1874–1940) 40
Bothe, Walter (1891–1957) 59
Butenandt, Adolf (geb. 1903) 71, 76, 92

Chadwick, James (1891–1974) 31, 34, 90
Chalmers, Thomas A. 23
Chlopin, Witali G. (1890–1950) 39
Chopin, Frédéric (1810–1849) 23
Cockroft, John Douglas (1897–1967) 34
Compton, Arthur Holly (1892–1962) 76
Coster, Dirk (1889–1950) 40, 41
Cowan, Clyde L. (geb. 1919) 31
Curie, Irène (1897–1956) 35, 44, 90
Curie-Skłodowska, Marie (1867 bis 1934) 8, 9, 23, 35, 89, 90
Curie, Pierre (1859–1906) 8, 35, 89

Dalton, John (1766–1844) 6
Debye, Peter (1884–1966) 40, 58
Demokrit, Demokritos von Abdera (460–370 v. u. Z.) 6
Delbrück, Max (1906–1981) 39
Domagk, Gerhard (1895–1964) 76
Droste, Gottfried von (geb. 1908) 51, 53

Einstein, Albert (1879–1955) 10, 26, 33, 38, 64, 65, 69, 70
Eklund, Sigvard (geb. 1911) 57, 91
Ellis, Charles D. (geb. 1895) 31
Euler-Chelpin, Hans Karl von (1873 bis 1964) 76
Exner, Franz Seraphin (1849–1926) 15

Fajans, Kasimir (geb. 1887) 20
Fermi, Enrico (1901–1954) 35, 37, 60, 64, 90, 91
Fischer, Emil (1852–1919) 14, 19, 20, 21, 89
Flammersfeld, Arnold (geb. 1913) 28
Fleck, Alexander (geb. 1889) 20
Flerov, Georgi N. (geb. 1913) 54, 91

Für ein tieferes Eindringen in die hier besprochene wissenschaftliche Problematik empfehlen wir das in unserem Verlag vom gleichen Autor erschienene Lehrbuch:

Prof. Dr. habil. W. Stolz, Freiberg

Radioaktivität

Mathematisch-Naturwissenschaftliche Bibliothek, Band 61

Teil I. Grundlagen

163 Seiten mit 55 Abbildungen. 14,2 × 20 cm. 1976
Kartoniert 18,– M
Bestell-Nr. 665 767 3 Bestellwort: Stolz, Radioaktivität 1

Inhalt: Symbolverzeichnis · Geschichte der Radioaktivität · Atomkern · Radioaktive Kernumwandlungen · Natürlich radioaktive Nuklide · Künstliche Kernumwandlungen · Herstellung radioaktiver Nuklide · Radioaktive Strahlungsquellen

Mathematisch-Naturwissenschaftliche Bibliothek, Band 67

Teil II. Messung und Anwendung

188 Seiten mit 80 Abbildungen. 14,2 × 20 cm. 1978
Kartoniert 21,– M
Bestell-Nr. 665 875 6 Bestellwort: Stolz, Radioaktivität 2

Inhalt: Wechselwirkung ionisierender Strahlung mit Atomen und mit Materialschichten · Messung ionisierender Strahlung · Anwendung radioaktiver Nuklide · Strahlenschutz

Das Lehrbuch vermittelt dem Leser eine gründliche Einführung in den gesamten Arbeitsbereich der angewandten Radioaktivität. Physikalische Gesetzmäßigkeiten, Begriffe und Erscheinungsformen, Meßmethoden und Anwendungen werden exakt behandelt. Das Buch ist gut geeignet, sich neu in das Gebiet der Anwendung der Radioaktivität einzuarbeiten.

In der Reihe „Biographien hervorragender Naturwissenschaftler, Techniker und Mediziner“ verweisen wir besonders auf

Band 42

Prof. Dr. Friedrich Herneck, Berlin

Max von Laue

92 Seiten mit 11 Abbildungen
Kartoniert 4,90 M
Bestell-Nr. 665 920 6 Bestellwort: Herneck, v. Laue

Inhalt:

Band 55

Dr. Peter Krüger, Berlin

Wladimir Iwanowitsch Wernadskij

115 Seiten mit 11 Abbildungen
Kartoniert 6,80 M
Bestell-Nr. 666 033 8   Bestellwort: Krueger, Wernadskij

Inhalt:

Titel dieser Reihe:

Band	Autor und Titel	Preis	Bestell-Nr.
60	Jürß/Ehlers: Aristoteles	6,80	666 057 3
61	Engewald: G. Agricola	6,80	666 113 8
62	Dunsch: H. Davy	4,80	666 111 1
63	Kant: A. Nobel	6,80	666 152 5
64	Stolz: O. Hahn und L. Meitner	4,80	666 142 9
65	Ullmann: E. F. F. Chladni	4,80	666 143 7
66	Hoffmann: E. Schrödinger	4,80	666 080 5
67	Hamel: F. W. Bessel	4,80	666 197 1
68	Beckert: J. Beckmann	6,80	666 151 7
69	Schierhorn: W. Friedrich	4,80	666 141 0
70	Krauße: E. Haeckel	8,80	666 148 8
71	Herneck: H. W. Vogel	6,80	666 193 9
72	Göbel: F. A. Kekulé	4,80	666 192 0
73	Kant: Réaumur, Fahrenheit, Celsius	6,80	666 188 3
74	Remane: E. Fischer	4,80	666 194 7
75	Guntau: A. G. Werner	6,80	666 196 3
76	Strube: G. E. Stahl	4,80	666 195 5
77	Grabow: S. Stevin	6,80	666 250 1
78	Beier: W. C. Röntgen	6,80	666 256 0
79	Purkert/Ilgauds: G. Cantor	6,80	666 252 8
80	Kuczera: G. Hertz	4,80	666 258 7
81	Waßermann: O. Lilienthal	4,80	666 268 3
82	Kästner: Paracelsus	4,80	666 266 7
83	Kant: R. Oppenheimer	8,80	666 257 9
84	Szabadváry: A.-L. Lavoisier	4,80	666 263 2
85	Dunsch: J. J. Berzelius	6,80	666 322 1
86	Bélafi: Graf F. v. Zeppelin	6,80	666 287 8
87	Schreiber: Euklid	7,50	666 375 8
88	Preuß: G. Stephenson	4,80	666 406 4
89	Hamel: F. W. Herschel	6,80	666 464 6